確率を攻略する

ギャンブルから未来を決める最新理論まで

小島寛之　著

装幀／芦澤泰偉・児崎雅淑
カバーイラスト／山下以登
部扉イラスト／山下以登
目次・本文デザイン／齋藤ひさの（STUDIO BEAT）
本文図版／さくら工芸社、齋藤ひさの（STUDIO BEAT）

はじめに

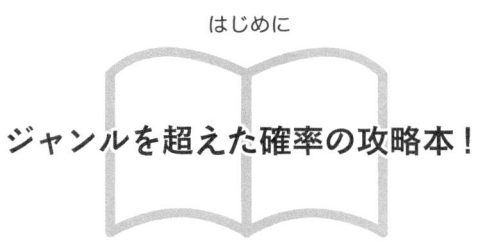

ジャンルを超えた確率の攻略本！

本書でいう「攻略」とは次の3つの意味である。

数学者が確率を攻略する。

あなたが確率を攻略する。

コイン投げだけで攻略する。

　まず、本書は、数学者たちが確率を攻略してきたそのプロセスを描いた本である。数学者たちは「確率とは何か」という疑問に対して、紆余曲折、さまざまなアプローチを提出してきた。読者はきっとびっくりするだろうが、実は今もまだ、確率理論は定まっておらず、新しい発想が打ち出され続けているのである。本書は、確率のスタートから、最新の理論までを紹介する。さらに本書は、あなたが確率を攻略する、その手立てを提供する本でもある。あなたは、中学・高校と確率を習い、いつしかだんだんと、確率というものがわからな

くなったのではないか、と思う。あなたは、確率を少しでも我が物としたいと願っていることだろう。そんなあなたに確率攻略の道を拓くのが本書の役目なのである。そこで、本書では、抽象的な議論をなるべく避けるために、「コイン投げ」だけを例にすべての理論を語ることにした。共通の例だけで解説されるので、理解のコストを大幅に低減できるはずである。

以下、どんな攻略に本書が役立つか、タイプ別にプレゼンしていくこととしよう。

「もやもや感」を攻略する

確率について「確率って何だ?」「確率はどこにあるんだ?」「確率は実在するのか?」等の「もやもや感」を抱いている人が多いだろう。本書では、そんな「もやもや感」と正面からつきあう。本書を読めば、そういう「もやもや感」は正当なものであり、数学者と問題意識を共有していることが発見できるに違いない。

科学の道具箱としての確率を攻略する

現在の科学はすべて、確率の理論を土台に築かれている。理系分野は当然として、文系分野でも経済学等では必須の道具となっている。しかし、確率で使われる数学はあんがい抽象的なので、難儀している大学生・院生・社会人も多かろう。そんな人たちに、確率変数、期待値、条件付期待値、測度論、確率過程といった必須アイテムをレクチャーする。

投資を攻略する

いまや、投資や資産運用という「お金を増やす」世界は、ものすごく多様化している。複雑怪奇な金融商品があふれている。そして、それらはすべて確率の計算の下で設計されている。金融に携わる人には、抽象的な確率の理解に挫折している人が多いだろう。本書はそんな人たちへのクイックガイドになる。デリバティブズの価格付けやマルチンゲールといった基本に触れることができる。

統計データを攻略する

現在は、どんなビジネスにおいても、統計データ処理は欠かせないものとなっている。しかし、統計学を多少でも高度に勉強しようとすると、そこには確率の難解さが立ちふさがる。確率がわからなくて統計の勉強に行き詰まっている人も多いだろう。そんな社会人に、確率の記法をレクチャーする。

高校生が攻略する

高校数学では確率は必修分野だ。しかし、その確率は、順列・組み合わせという「数え上げ」と区別がつかず、多くの高校生は「不確実性とどういう関係があるんだ？」という疑問でいっぱいになるだろう。そんな高校生も、(意欲さえあれば)、本書を読むことで「本物の確率」に触れることができ、確率が不確実性を捉える様子を目撃することができる。

大金持ちを攻略する

　本書が従来の確率本と一線を画すのは、「ゲーム論的確率」という最新のトピックを紹介していることだ。これは、「公平でない賭け」に対しては、「借金することなく、資金を無限に増やすことができる戦略がある」という定理を備える画期的な理論である。ひょっとすると、この定理に改良を加えれば、実際の金融市場で大金持ちになるチャンスだってあるかもしれない。あなたが一攫千金を狙っているならば、その手がかりとしての本書を購入することは、取るに足らない投資コストであろう(これは半ば冗談)。

◉本書全体の構成をまとめておく。

第Ⅰ部「世界は確率で動いている」

　基礎の章である。確率の発展の歴史、さまざまな確率思想、確率の疑問を紹介している。

第Ⅱ部「確率と大数の法則」

　確率の主定理である「大数の弱法則・強法則」の、コインバージョンにおける完全な証明を与えている。副産物として、集合論、上極限・下極限、無限和、集合の極限などの大学数学の知識が得られる。

第Ⅲ部「ギャンブルと期待値」

　マルチンゲール理論や21世紀の確率理論であるゲーム論的確率という、ギャンブルを土台とする最新のトピックを紹介する。

CONTENTS　　　　　　　　　　　確率を攻略する

はじめに　3

第Ⅰ部　世界は確率で動いている

第1章　身の回りには確率がいっぱい　14

- 身の回りには確率がいっぱい …………………………　14
- 確率はギャンブルから生まれた …………………………　15
- パスカルが解決した問題 …………………………………　16
- 世界が分岐するありさまを記述する ……………………　19
- デリバティブの仕組み……………………………………　22
- オプションの価格はこう決まる …………………………　23

第2章　確率のいろいろな見方　28

- 世の中，すべてが不確実…………………………………　28
- 不確実性に挑んだ数学者…………………………………　29
- 確率とは何だろうか………………………………………　30
- サイコロの確率を例に考える……………………………　32
- 頻度論的確率………………………………………………　34
- 頻度論が乗り越えなければならなかった壁 ……………　36
- 数学的確率…………………………………………………　37
- 主観的確率…………………………………………………　39
- 主観的確率の歴史…………………………………………　40
- ゲーム論的確率……………………………………………　42
- 確率のイメージは皆それぞれ……………………………　44

第3章　確率はナゾだらけ　45

- 確率はナゾだらけ …………………………………… 45
- 確率は実在するのか？ ……………………………… 46
- フォン・ミーゼスの批判 …………………………… 48
- 確率は多数現象だとすれば解決するか？ ………… 50
- 大数の法則は，現実とはなんら無関係 …………… 51
- 大数の法則では確率は二重になっている ………… 52
- 確率は迷信のるつぼ ………………………………… 54

第II部　確率と大数の法則

第4章　確率モデルはこう記述する　58

- ようこそ確率の世界へ ……………………………… 58
- 確率モデルを作る …………………………………… 58
- 天気の確率モデル …………………………………… 59
- 根元事象に確率を設定する ………………………… 63
- 頻度論的確率の立場から割り振る ………………… 64
- 主観的確率の立場から割り振る …………………… 66
- 事象への確率の割り振り …………………………… 67
- コイン投げとサイコロ投げ ………………………… 68
- コイン2回投げの確率モデル ……………………… 71
- 事象の計算から新しい事象を作る ………………… 73
- 確率法則は面積図で理解せよ ……………………… 76

第5章　コイン投げで大数の法則　80

- コイン投げで大数の法則 …………………………… 80
- コイン投げで表裏がおおよそ半々になる理由 …… 81
- 大数の法則は2種類ある ……………………………… 84
- コイン N 回投げの確率モデル ……………………… 85
- 大数の弱法則・コイン投げバージョン …………… 87
- イメージを補強する例え話 ………………………… 90
- 証明のアイデアは? ………………………………… 92
- チェビシェフの不等式証明のポイント …………… 94
- アバウトな表現をなくすには? …………………… 97

補足 等式③の証明 ………………………………… 99

第6章　無限回コインを投げる　103

- 大数の強法則が待望される ………………………… 103
- 実在する無限 ………………………………………… 104
- 無限ルーレットモデル ……………………………… 106
- 無限ルーレットに確率を設定する ………………… 110
- 測度論という発見 …………………………………… 112
- コイン無限回投げモデル …………………………… 113
- コイン無限回投げの確率は? ……………………… 116
- コイン無限回投げをイメージ化しよう …………… 117
- 無限ルーレットとコイン無限回投げは同じ ……… 119
- 無限と確率の相性はいい …………………………… 122

第7章　極限計算を制覇する　124

- 大数の強法則に必要なこと ……………………… 124
- 大数の強法則のイメージ化 ……………………… 125
- 頻度を極限で定義する …………………………… 127
- 数列の集積点を定義しよう ……………………… 130
- 上極限，下極限，極限 …………………………… 134
- 増加する数列は極限を持つ ……………………… 136
- 数列の無限和とは ………………………………… 137
- 事象の極限と確率の極限の入れ替え法則 ……… 139
- いよいよ，大数の強法則の入り口へ …………… 142

第8章　コインを無限回投げると半分は表になる　143

- いよいよ大数の強法則にトライ ………………… 143
- 証明のアイデアは？ ……………………………… 145
- 収束しないことを上極限で表す ………………… 146
- 「上極限が ε 以上」という事象 ……………………… 148
- F_ε の確率を評価する ……………………………… 151
- 大数の強法則へ到達 ……………………………… 154

補足1 平方数の番号だけでよいのはなぜか？ …… 158

補足2 平方数の逆数和 …………………………………… 160

第III部 ギャンブルと期待値

第9章 期待値はリターンの目安　164

- 競馬と宝くじのどちらが有利か ・・・・・・・・・・・・・・・・・・・・ 164
- サイコロの期待値 ・・・・・・・・・・・・・・・・・・・・・・・・・・・・・・・ 166
- 確率変数って何? ・・・・・・・・・・・・・・・・・・・・・・・・・・・・・・・ 167
- コイン投げの確率変数 ・・・・・・・・・・・・・・・・・・・・・・・・・・・ 169
- 確率変数の期待値を定義しよう ・・・・・・・・・・・・・・・・・・・・ 171
- パスカルの問題を期待値で解く ・・・・・・・・・・・・・・・・・・・・ 174
- サンクト・ペテルブルグのパラドクス ・・・・・・・・・・・・・・ 176
- マルチンゲール戦略 ・・・・・・・・・・・・・・・・・・・・・・・・・・・・・ 178

第10章 公平なギャンブルとマルチンゲール　181

- 賭けの公平性・・・・・・・・・・・・・・・・・・・・・・・・・・・・・・・・・・・ 181
- 情報によって確率は変化する ・・・・・・・・・・・・・・・・・・・・・ 182
- サイコロ投げを例に条件付確率を定義しよう ・・・・・・ 183
- 期待値も条件付にできる ・・・・・・・・・・・・・・・・・・・・・・・・・ 187
- 新しい確率変数が生まれる ・・・・・・・・・・・・・・・・・・・・・・・ 189
- 不確実性がほどけるフィルトレーション ・・・・・・・・・・・ 191
- マルチンゲールという性質 ・・・・・・・・・・・・・・・・・・・・・・・ 194
- マルチンゲール戦略はマルチンゲール ・・・・・・・・・・・・・ 198
- マルチンゲール理論の威力 ・・・・・・・・・・・・・・・・・・・・・・・ 202
- マビノギオンの羊の問題 ・・・・・・・・・・・・・・・・・・・・・・・・・ 203

第11章 ゲーム理論から生まれた新しい確率論　206

- 確率に対する新しいアプローチ・・・・・・・・・・・・・・・・・・・・・206
- 確率の出てこない確率論・・・・・・・・・・・・・・・・・・・・・・・・・207
- フォン・ミーゼスのコレクティーフ・・・・・・・・・・・・・・・・209
- コレクティーフのその後・・・・・・・・・・・・・・・・・・・・・・・・・212
- シェイファーとウォフクのゲーム論的確率・・・・・・・・・213
- ゲーム理論とは何か・・・・・・・・・・・・・・・・・・・・・・・・・・・・・214
- ゲーム論的確率では，戦略しか使わない・・・・・・・・・・218
- コイン投げの賭けをゲームとして記述する・・・・・・・・・219
- 意外に簡単なカラクリ・・・・・・・・・・・・・・・・・・・・・・・・・・・222
- 必勝戦略の秘訣の種明かし・・・・・・・・・・・・・・・・・・・・・・・223
- 資金の変化を数式にする・・・・・・・・・・・・・・・・・・・・・・・・・225
- 対数（log）を復習する・・・・・・・・・・・・・・・・・・・・・・・・・227
- 資金が無限大に膨らむ・・・・・・・・・・・・・・・・・・・・・・・・・・・230
- 残されたクリアーすべき壁・・・・・・・・・・・・・・・・・・・・・・・233
- 壁その1をクリアーするための戦略・・・・・・・・・・・・・・234
- 壁その2をクリアーするための戦略・・・・・・・・・・・・・・234
- 壁その3をクリアーするための戦略・・・・・・・・・・・・・・236
- 結局どんな戦略なのか・・・・・・・・・・・・・・・・・・・・・・・・・・・240
- この戦略であなたも大金持ちになれる？・・・・・・・・・・・241
- 確率の新時代・・・・・・・・・・・・・・・・・・・・・・・・・・・・・・・・・・・243

あとがき　245

参考文献　249

本書に登場する数学者, 経済学者, 論理学者, 哲学者　250

さくいん　251

第I部

I

世界は確率で動いている

第1章

身の回りには確率がいっぱい

> 確率理論というのは、究極的には、この秘密の巻物について何が言えるのか、を突き止める営みだと言える。(本文より)

🎲 身の回りには確率がいっぱい

　私たちの生活を見渡すと，そこには確率がいっぱいころがっている。テレビニュースの天気予報では，明日やこのあと1週間の降水確率が小刻みに報道される。地震や火山噴火の確率も取りざたされる。スポーツでは，日本代表が次の世界戦で勝利する確率が評論家によって解説される。健康については，「喫煙者がガンにかかる確率は，非喫煙者の何倍になるか」などが医師によって警告されたりする。私たちの日常には，確率の数値がちりばめられているのである。

　このように，現代では，確率についての数学理論は，無くてはならないものとなった。

　確率とは，不確実な出来事の「起こりやすさ」を数値化したものである。したがって，世界が不確実に満ちていて，私たちがその不確実性の程度を見積もりたいとき，確率はそれを記述し，制御する道具となってくれる。

　他方，現代のいくつかの学問分野では，確率は主要な役割

第1章　身の回りには確率がいっぱい

を演じている。

　まず，物理学では，ミクロの物質（電子や中性子など）の振る舞いが確率的なものであることが解明され，その確率法則も正確にわかった。現代の電子的な技術は，このミクロの確率法則を縦横無尽に利用したものだと言える。

　次に，生物学の世界では，確率は今や主役と言える。遺伝子の変異が確率的であり，その法則が正確にわかったからだ。その確率法則を利用することで，進化のプロセスや種の分岐の歴史，そして遺伝病やウイルスの拡散の様子などが解明されることとなった。

　確率理論による革新は，科学分野だけには留まらない。社会的な制度の中にも確率の理論は活かされている。例えば，生命保険や火災保険などのさまざまな保険は，高度な確率計算によって支えられている。また，金融分野での確率理論の応用は華々しい。債券や株式や通貨為替などの古典的な金融商品に加えて，デリバティブズ（金融派生商品）と呼ばれる複雑な仕組みの金融商品が考え出され，日々売り買いされている。今や人々の資産を維持し運用するためには，確率理論は欠かせないものとなっているのである。もっと極論するなら，金持ちになるには確率を学ばないといけない，ということだ。

確率はギャンブルから生まれた

　このような確率の考え方が数学概念として誕生したのは，今から300年くらい前のことである。したがって，確率の理論は2000年以上もの歴史を持つ数学の中でも比較的新しい

ものなのだ。

　確率の概念を生み出したのは，17世紀フランスの2人の数学者，パスカルとフェルマーである。パスカルのサロンでの知り合いにメレというギャンブラーがいて，メレから賭けについての相談が持ち込まれたのがことの始まりだった。パスカルは，親しい数学者フェルマーとの文通によって，メレの問題への解決を与えた。したがって，このパスカルとフェルマーの文通は「世界を変えた手紙」と呼ばれている（参考文献［1］参照のこと）。ちなみに，フェルマーという数学者は，20世紀になってようやく解決されたあの「フェルマーの大定理」を提出した人としても有名である（フェルマーについては，拙著［2］が詳しい）。

　この発端から見ても，確率とギャンブルは切っても切れない関係にある。本書でのメインの話題となる，マルチンゲール理論やゲーム論的確率は，「確率とはギャンブルの理論」ということをそれぞれ20世紀，21世紀に復興させたものなのだ。

🎲 パスカルが解決した問題

　ここで，メレが持ち込んでパスカルとフェルマーが解いた問題で，本書のコンセプトと密接な関係を持つものを，1つだけ紹介しておこう（他の問題については，拙著［3］などを参照のこと）。それは，「複数回のゲームによって勝敗の決まる賭けを途中で中止した場合，賭け金の分配をどうするか」，というタイプの問題である。

　例えば，次のような賭けを考えよう。

第1章 身の回りには確率がいっぱい

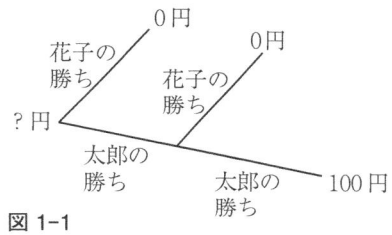

図 1-1

　花子と太郎がじゃんけんをして，3回先勝したほうが100円もらえるとする。現在，花子が2勝し，太郎が1勝したところだが，ここでゲームを中止せざるを得なくなった。2人はいくらずつもらうべきだろうか。

　図1-1は，太郎の側から見たこのゲームの展開を表している。各金額は，ゲームの進行に依拠した太郎の得る金額を表している。太郎は，2回連続で勝てば賞金100円を得ることができる。他方，2回のうち1回でも負ければ，花子が100円を得るので，太郎のもらえる金額は0円である。求めたいのは，「？」のところに入るべき金額，すなわち，現在の時点での太郎の取り分だ。

　この問題に関するパスカルの議論は，「公平性」に注目するものであった。すなわち，「2人のプレーヤーは同じ条件で争うことが公平である」という原理に基づかせようと考えたのである。ここで，「同じ条件」というのは，「太郎がa円だけ賭ければ，花子もa円だけ賭けなければならず，勝者に$2a$円が支払われる」ということだ。この原理は，図1-2に見るように，樹形図で表現することができる。

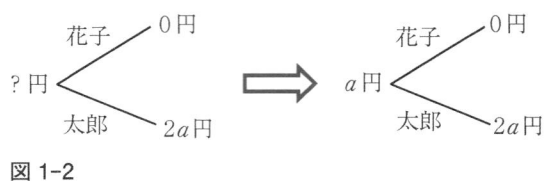

図 1-2

 左側の図で問われているのは、勝てば $2a$ 円が得られ、負ければ 0 円が得られる賭けに太郎はいくら支払うべきか、ということだ。「公平な賭けの原理」から、これは a 円でなければならない。それを記入したのが、右側の図となる。この図に別の解釈を与えるなら、左側の樹形図に表される賭けの、太郎にとっての価値は、右側の図で示されるように、a 円だということである。つまり、樹形図の始まりの点（？マークの点）に立つことの太郎にとっての価値は a 円である、ということなのである。

図 1-3

 このことを使うと、最初の問題を解くことができる。
 図 1-3 を見てみよう。左側の図は、太郎にとっての「2番目の分岐点の価値」を表している。この分岐点は、お互いに

1勝すれば100円の賞金を得られる立場にあるので,対等な勝負(公平な関係)となっている。したがって,原理に基づけば,太郎にとっての「2番目の分岐点の価値」は50円ということになる($2a = 100$円とおけばよい)。

次に,右図のほうを見てみよう。太郎にとっての「2番目の分岐点の価値」が50円であることがわかったので,1番目の分岐点は勝てば50円(の価値の点に立てる)を得て,負ければ0円を得る賭けを表している,とわかる。したがって,公平の原理にしたがえば,1番目の分岐点の太郎にとって価値は25円ということになる($2a = 50$円とおけばよい)。

ちなみに,このような後ろ向きに解いていく方法は「逆向き推論」と呼ばれる。この技法は,第11章で解説されるゲーム理論で典型的に用いられる方法論である。

以上のパスカルの基本原理から,与えられた問題の解答は,「賭け金100円を,太郎が25円,花子が75円と分配してゲームを終える」ということになる。この問題には,他の解答法もある。それは「期待値」を利用するものだ。その解答方法は,第9章で与える。

世界が分岐するありさまを記述する

前節のパスカルの問題で理解できたと思うが,確率の理論とは,樹形図として世界(時空)の分岐を表現し分析する道具である。

私たちは,未知なる未来と過去の歴史とのはざまを生きている。過去の歴史を参考にしながら,未知なる未来に対して推論を行い,行動を選択する。とりわけ,ギャンブル,また

はそれに類するものでは，このことは顕著だ。

例えば，今，株で資産を運用している人を考えてみよう。この人は，株の値上がり・値下がりだけに興味があり，どのくらい大きく値が動くかは気にしない，と仮定しておく。そして，この人は，翌日に値上がりすると予想したときだけ株を買い，明日のうちに売却してしまうとする。したがって，実際に株の値が高くなっていたら儲けが出て，予想に反して安くなった場合は損をする。

この人の賭けを記述するには，次のようなモデルを考えるとよいだろう。この人には，この人の見えないところに，無限に長い巻物が与えられている。その巻物には，HまたはTの並ぶ無限に長い記号列が記入されている。巻物は1日に記号1つ分がめくられ，現れた記号がHであれば，株は値上がりし，現れた記号がTであれば，値下がりする。ちなみに，HとTは，コイン投げの結果を表すときに汎用される

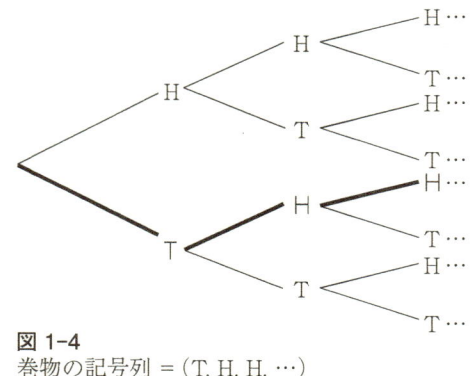

図 1-4
巻物の記号列 = (T, H, H, …)

記号で，HはHead（表のこと）を意味し，TはTail（裏のこと）を意味する．本書では，以降，この記号を多用する．

　株の値上がり・値下がりのすべての可能性は，図1-4のように，2つ2つと分岐する樹形図として与えることができる．先ほどの株投資をしている人には，実際の世界での株の値動きが樹形図の1つの経路として現れる（━の太線）．その経路上の記号が，巻物では記号列として記載されている，とイメージすればよい．この人は，Hの記号の前に株を購入すれば儲けることができ，Tの記号の前に購入してしまうと損害を被る．

　確率理論というのは，究極的には，この秘密の巻物について何が言えるのか，を突き止める営みだと言える．例えば，「大数の強法則」と呼ばれる最重要の定理が主張するのは，次のことだ．すなわち，この図において，すべてのジグザグの経路が同じ「起こりやすさ」であるなら，ほとんどすべての経路においてHとTの個数（これは無限個あるのだが）は半々である，というものである．この証明は，第8章で与える．

　現代のファイナンス理論（資産の価格変化についての数学理論）においては，株の収益の確率法則は，今述べたようなものをさらに精密化したものとなっている．すなわち，この株投資をしている人の巻物には，HとTが半々の割合で記入されている，と見なしているのである．

　以上の図式化において，パスカルの問題を表した樹形図（図1-1）と，株投資の樹形図（図1-4）とは同類のものだと見なすことができるだろう．樹形図で確率を捉えることから

見えてくるのは，確率の奥底にはギャンブルという経済行動が関わっている，ということだ。本書では，このあとだんだんと，「ギャンブルという経済行動から確率を捉える」という方向に歩みを進めていく。それは，第Ⅲ部のマルチンゲール理論やゲーム論的確率に結実することになる。

🎲 デリバティブの仕組み

せっかく，世界の分岐としての不確実性を樹形図によって捉える，という例を2つ紹介したので，もう1つ現代的な応用を紹介しておこう。それは，デリバティブズと呼ばれる金融商品の価格付けの原理である。

前の節で簡単に触れたように，前世紀の後半から今世紀にかけて，金融商品は驚くほど多様化した。債券や株や通貨為替に投資する際に，そのリスクを制御するための金融商品がさまざま開発されたのである。それがデリバティブズ（金融派生商品）と呼ばれるものだ。

デリバティブズというのは，簡単に言えば，前節までに説明したような「可能性の樹形図を商品化したもの」と考えればいい。したがって，それを開発したり，売り買いしたりするためには，高度な確率理論が必要になる。今や確率の理論は，ビジネスに必須のアイテムなのである。

デリバティブズの雰囲気を知ってもらうために，最も簡単な例をあげよう。それは，「オプション」と呼ばれる商品である。

今，図1-5のような株を考える。この株は今日は80円で買えるが，明日には100円に値上がりするか，50円に値下

がりするか，どちらかである
とわかっているものとする。
こんな株は現実には存在しな
いが，人工的な例での思考実
験だと思って読み進めてほし
い。

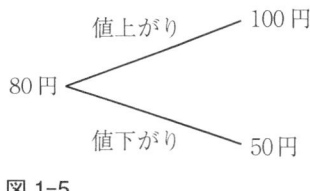

図 1-5

　このとき，「明日に 80 円の価格でこの株を 50 株購入できる権利」が約束される金融商品を考えよう。これは「コール・オプション」と呼ばれるデリバティブである（ここでは金融派生商品全体をデリバティブズ，個別のものをデリバティブと呼んでいる）。コール・オプションという商品の特徴は，あくまで買う「権利」であるという点にある。権利なのだから，行使しなくてもよい。どういう場合に行使するかは明白である。株が明日，100 円に値上がりしたら行使すればいい。100 円の株を 80 円で買えるのだから，買って即座に売却すれば，1 株あたり 20 円が儲かる。したがって，全部で，20 円×50 株 = 1000 円を儲けることができる。逆に値下がりした場合は，権利を捨ててしまえば，株を買う必要はない。その場合は，コール・オプションの価値は 0 円となる。つまり，このコール・オプションは，明日に 1000 円か 0 円か，どちらかの価値になる金融商品ということになる。

🎲 オプションの価格はこう決まる

　問題なのは，そのコール・オプションの価格というのがいくらになるか，あるいは，なるべきか，ということだ。この

ようなデリバティブズの価格付けの問題が，前世紀中頃から，経済学やファイナンスの世界での重要問題となったのである。

このケースでは，価格付けは簡単である。なぜか。

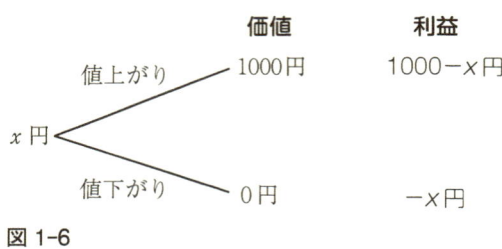

図 1-6

今，このコール・オプションの価格を x 円としてみよう。図1-6が，この金融商品を買ったときの価値と利益の樹形図である。株が値上がりしたときは，x 円で買ったコール・オプションが1000円の価値になるので，$1000-x$ 円が利益となる。値下がりした場合には，権利を行使しなければ，コール・オプションを購入した x 円の分だけが損失となり，利益は $-x$ 円である。

大事な点は，この差がちょうど1000円だ，ということである。

図1-7を見てみよう。

面白いことに，「今日，現実の株を20株買っておく」という戦略に注目し，それと比較することで，このコール・オプションがいくらであるべきかがわかる。理由は以下である。

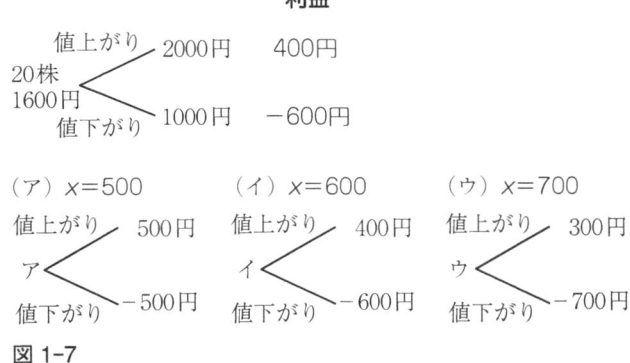

図 1-7

今日に現実の株 20 株を買っておくと,値上がりしたときは,1 株あたり 20 円,20 株で 400 円の利益となる。値下がりした場合は,1 株あたり 30 円,20 株で 600 円の損失(−600 円の利益)となる。ポイントは,この差がちょうど 1000 円になっていることだ(図 1-7 上図)。この「今日に現実の株 20 株の購入」という「戦略」と比較することで,おのずとコール・オプションの価格が求まる。

実際,(ア)のようにオプションの価格 x が仮に 500 円であったとしよう。このときは,「今日に現実の株 20 株の購入」に比べて,値上がり値下がりどちらでもコール・オプションのほうが利益が大きい。この場合は,戦略「今日に現実の株 20 株の購入」を逆に使って,「今日に現実の株 20 株を(空)売り」してコール・オプションを購入すれば,株が上がった場合も下がった場合も,どちらでも 100 円の利益が出る(上がった場合はオプションの利益 500 円が株での損失

−400円を埋め合わせ,下がった場合は,オプションの損失−500円を株の利益600円で埋め合わせる)。つまり,確実に正の利益をあげることができてしまう。これはおかしい。

また,(ウ)の場合のように,オプションの価格 x が700円だったとしてみよう。この場合は,株が値上がりしても値下がりしても,どちらの場合でも戦略「今日に現実の株20株の購入」のほうが利益が大きい。この場合は,コール・オプションを売って株を購入しておけば,株が上がっても下がってもどちらでも100円の利益が出る。確実に正の利益をあげることができるから,これもおかしい(「おかしい」というのが理解できない場合は次のように考えてもよい。すなわち,確実な正の利益がある場合は,注文が殺到するから,売買が成立しないのである)。価格 x が600円未満の場合も,600円より大きい場合も,今と同じ議論ができて,そういう価格 x ではありえない,と論証できる。したがって,(イ)の場合,すなわち $x=600$ が唯一ありうるケースとなる。つまり,このコール・オプションの価格は,600円と決まるべきなのである。

実際のデリバティブズの価格付けはもっとずっと複雑だが,基本原理はこういうものだと理解していい。要は,「その金融商品と同じ効果を持つ樹形図」を他の金融商品を組み合わせることによって戦略的に作り出すことができるなら,当該の金融商品の価格はその組み合わせに必要な資金額と一致しなければならない,ということである(オプション価格付けのもう少し複雑なものは,拙著［4］にある)。

この価格付けには,株の値上がり・値下がりについての確

率というものが明示的には出てこなかったことに注目してほしい。大事だったのは，同じ樹形図を持つ金融商品を作り出す「戦略の存在」であった。この考え方が，のちに，確率概念に新しい革命をもたらすことになった。それが，最終章で解説されるゲーム論的確率の理論である。

　以上，パスカルの問題や，株の分岐図や，デリバティブズの価格付けを見てきて，次のようなことが察せられたのではないだろうか。すなわち，確率というものは，「世界の時間的な分岐のあり方」を捉えようとする概念であり，それはギャンブルを攻略するための道具だ，ということだ。

第2章

確率のいろいろな見方

> 確率には4通りの捉え方がある。頻度論的確率、数学的確率、主観的確率、ゲーム論的確率である。実は、これらの捉え方はすべて、それぞれの確率論として独自の進化を遂げていくこととなった。(本文より)

世の中、すべてが不確実

　確率が、ギャンブルとの関係で数学の研究対象となったことは、第1章で解説した。ただ、確率という考え方が、「不確実性」を数理的に表現するために生まれた、とするなら、そのような発想はもっと古代からあった、と考えることができる。なぜなら、森羅万象は不確実性に満ちており、そのことを、おそらく古代の人々も知っていたからだ。

　不確実性というのは、「何が起きるか確実には予想できない」ということだ。明日の天気はわからない。自分がどんな病気になるかわからない。人の気持ちがどう変わるかわからない。このような不確実性は、人を不安にし、恐怖させ、時にはドキドキさせる。

　不確実性が人をワクワクさせ、気分を高揚させる典型的な例は、ギャンブルだ。だからギャンブルは、人類の最も古いビジネスの一つとなった。その証拠に、エジプト、シュメール、アッシリアなどの古代社会では、動物の骨を使った賭け

が行われており、これがサイコロの原型となったと言われている（[5]参照）。

ギャンブルでなくとも、不確実性のある現象への予測技術は、利益をもたらすことができる。例えば、古代ギリシャの数学者タレスは、その年の好天を過去の経験から予測し、オリーブの搾り器の利用権を事前に独占しておいた。実際にオリーブが豊作となったときには、利用権を高価で貸し出し、大儲けをしたと言われている。これは、現在でいうところの先物取引の一例であり、第1章で解説したデリバティブズの先駆けとなったものと言っていい。

不確実性に挑んだ数学者

ギャンブルから確率へのアプローチは、実は、第1章のパスカルとフェルマーより前にも存在していた。16世紀、ルネッサンス期イタリアで、数学者のカルダノが、『偶然の書』という本を書いた。カルダノは、3次方程式の解法を初めて公式に発表して歴史に名を刻んだ人だ。高い数学的な能力とは別に、怪しげな面も持っていて、いろいろなスキャンダルを起こしたことでも有名である（拙著[3]参照のこと）。そのカルダノのちょっとあとに、『サイコロゲームについての考察』という論文を書いたのが、天才ガリレオ・ガリレイであった。

ガリレイは、地動説を唱え、落体法則や慣性の法則などの物理法則を発見したことで物理学の祖とされている学者である（拙著[2]参照のこと）。とりわけ、実験や観測の手法を生み出したことが特記される。その天才の名は、イタリア

中にとどろいていた。

　当時のイタリアでは，サイコロを3個投げて，出た目の合計で賭けをする賭博が流行っていた。賭博師たちは，目の合計が9になるほうに賭けるのと，10に賭けるのと，どちらが有利かに悩んだ。それでガリレイに相談したのである。

　ガリレイは持ち前の実験精神によって，膨大な実験を繰り返したに違いない。そうして得られた結果に数学的な分析を加えた上で，「10のほうが有利である」と結論した（理由は拙著［3］にて）。

　カルダノとガリレイのあとに，確率を本格的に研究したのは，17世紀フランスのパスカルとフェルマーであることは第1章で詳しく解説した。現在では，彼らの研究が，確率の理論の誕生だとされている。

　パスカルとフェルマーの研究のあと，確率の研究は次第に盛んになっていった。ベルヌイ，ド・モアブル，ラプラス，ガウス，といった著名な数学者たちが確率理論の構築に貢献をした。現代の確率理論の形を完成させたのは，20世紀ロシアの数学者コルモゴロフである（コルモゴロフについては［19］が詳しい）。コルモゴロフは，最新の解析学であった測度論とルベーグ積分論を駆使して，確率を最も精緻な形で構成したのである。この方法論については，第6章で詳しく解説する。

確率とは何だろうか

　20世紀以降は，確率理論といえばコルモゴロフが提示した枠組み（測度論的確率論と呼ばれる），ということで一応

の決着を見ているが、それまでは紆余曲折、さまざまな考え方が乱立した。

確率とは、不確実性を数学的に記述する数学であるが、そもそも不確実性をどう捉えるか、ということに意見の相違がある。そしてこの意見の相違は、そのまま、私たちが確率を学ぶときに陥りがちな混乱とも相通ずるものだ。

不確実性とは、「起きたり起きなかったりする現象」あるいは「いくつかの帰結が用意されているが、そのどれになるか予言できない現象」とまとめることができるだろう。しかし、このように表現してみても、その指し示すところにはニュアンスの異なるいくつかの解釈がありえてしまう。

実際、言葉の面から考えても、「不確実性」を表す言葉はいくつもある。

例えば、「蓋然性（がいぜんせい）」は「不確実性」と同義に用いられる言葉だ。物事の「確からしさ」とか「真実である度合い」ということを意味する。

他方、「乱雑さ（ランダムネス）」というのも、不確実性の言い換えである。これは、「予想のつかなさ」とか「規則性のなさ」を表す言葉である。しかし、「蓋然性」と「乱雑さ」とは、言葉として完全に一致するわけではない。「蓋然性」には、哲学的な響きがある一方、「乱雑さ」には科学的な響きがある。もう1つ、「偶然」という言葉もある。これは、「蓋然性」と「乱雑さ」の両方にまたがる意味合いをもっている。さらに、特殊な使われ方をする表現に、「信憑性」がある。これは「証拠」とか「証明可能性」と関係がある言葉だ。証拠が多ければ多いほど、証明可能となり、「信

憑性」は高まる。「信憑性」は、人間の印象の形成と密接に関係する人間くさい言葉だと言えよう。

このように不確実性は、私たちの認識において、実に多面的である。したがって、不確実性を数理的に表現する「確率」という数学が、多面性のどの面をクローズアップさせるかによって、異なる枠組みを持ちうることを示唆している。実際、本書では、複数の確率へのアプローチを紹介する。

🎲 サイコロの確率を例に考える

最も簡単なサイコロ投げの例で説明してみよう。

正しいサイコロを1回投げたとき、「1の目の出る確率」が6分の1とされることは、誰にも常識的なことであろう。しかし、この6分の1を「何の数値」だと考えているだろうか？ どんな「現実的な意味」を持っていると捉えているだろうか？

最も普及している解答は、「このサイコロを6回投げるとそのうち1の目が1回出るという意味だ」というものである。しかし、これが単なる比喩にすぎないことは、みんな分かっていることと思う。なぜなら、多くの人は、サイコロを6回投げた経験を持っていて、1の目が1回も出ないことも、また、2回以上出ることもしばしばあったはずだからだ。

この不備に対する修正として代表的なものは、投げる回数を増やすことである。先ほどの言い方を「このサイコロを6万回投げるとそのうち1の目が1万回程度出るという意味だ」と言い換えてみよう。実際に6万回投げた経験を持つ人

はほとんどいないと思うが，学者による実験報告はいくつかなされている。それらによれば，「6回投げるとそのうち1の目が1回出る」よりも，「6万回投げるとそのうち1の目が1万回程度出る」のほうが，ずっと確かであることがわかった。

　このように，確率を「大量に試行したときの実現比率である」とする見方を数学の法則に仕立てたものが，「大数の法則（弱法則と強法則）」と呼ばれ，本書のテーマの一つである。確率を頻度としてイメージするのが，典型的な確率の捉え方なのである。これは「頻度論的確率」と呼ばれている。

　一方，「確率とは何か」という問いに対して，「確からしさ」だという答え方もある。つまり，「サイコロを1回投げて，1の目が出る，ということの確からしさが6分の1だ」と答えるのである。

　この場合の「確からしさ」とは何だろうか。これにもいろいろな解答がありうる。

　例えば，「1の目が出る」という事態が，他の「2の目が出る」，……，「6の目が出る」の5つの事態のどれに対しても有利でも不利でもない。つまり，対等である。だから，その「起こりやすさ」は1を6等分した「6分の1」だろう，と答えること。これは「等可能性」に立脚した解答である。サイコロが立方体という形状を持っていることで生じる図形的な対称性に帰着させている。数学的な対称性に立脚しているので，形而上的・抽象的な考え方と言える。このように確率を捉えたものは「数学的確率」と呼ばれる。

　「確からしさ」を捉えるもう1つの考え方は，「その言説

に，どのくらいの信念の度合いを持てるか」とするものである。つまり，「信憑性」に立脚する立場だ。

この場合，「サイコロを1回投げて，1の目が出る」という予言をすることに対して，「私はそれを，6分の1，すなわち，16〜17パーセント程度の信念を持つ」というふうに，「自信の程度」を割り当てる。これは主観的な数値に他ならない。つまり，確率を個人が心の中に抱く「確信」や「信念」の度合いとするのである。このような確率は「主観的確率」と呼ばれる。

最も変わった確率の捉え方として，「ギャンブルの公平さ」に帰着させるものがある。「サイコロ投げで出る目を当てる賭けをするなら，胴元は賭けた人に賭け金の6倍の還付を約束しなければ，公平にはならない」とする方法である。これは，「賭けにおける公平さ」を確率のイメージに使うもので，第1章で説明したパスカルの解答はこの考え方であった。この発想は，確率がギャンブルから生まれたことを考えると自然なものである。本書ではこれを「ゲーム論的確率」と呼ぶこととしよう。

まとめると，確率には4通りの捉え方がある。頻度論的確率，数学的確率，主観的確率，ゲーム論的確率である。実は，これらの捉え方はすべて，それぞれの確率論として独自の進化を遂げていくこととなった。次節から，それぞれの進化についてもう少し補足することにしよう。

頻度論的確率

確率を頻度から捉えるのが，現在では，最もスタンダード

な考え方だ。「ある現象の確率がp」であるとは,「たくさんの観測をするとその現象がpの割合で生起する」と理解するのである。このことは,確率の考え方が萌芽しつつあった時期から,すでに意識されていたことである。

例えば,17世紀のグラントやペティは,初めて死亡や出生の統計に注目した学者だった。というより,それ以前には,整備された統計データがなかったのである。彼らは,死亡率や出生率がきわめて安定的な数値である事実に気がついた。逆に死亡率が目に見えて変化することは,疫病の流行や栄養状態の悪化などのきざしであると見なすことができた。

死亡率が安定的である,ということは,「人が死ぬ」という現象に特有の法則性が働いている可能性を示唆している。「一人一人にとっては不確実だが,たくさん集めると安定的になる」という奇妙な法則だ。このミクロの不確実性とマクロの安定性との対比が,頻度論的確率の基礎となる。

これらの社会統計は,のちに平均余命や人口推移を予測する道具となった。そして,それらの予測を基礎に,年金制度や保険制度が施行されることになったのである。

頻度論的確率は,「数学と現実とを結びつける」というきわめて重要な役割を果たす。例えば,前述したガリレイの3個のサイコロの目の合計についての数学的な解析が,賭博師たちを納得させる結論となったのがその一例である。賭博師たちは,実際の膨大な賭けの結論から,「10に賭けたほうが有利である」ことを知っていたが,ガリレイの数学的な解析からその裏付けを得られ,彼らは現実と理論と両面からそれを納得できるようになったのだ。数学は完全な形而上学であ

り，どこにも現実との接点を持たない。頻度論的確率は，形而上学である数学と生の現実との結びつける役割を果たすのである。そして，のちには，ギャンブルばかりではなく，年金・保険・医療など重要な社会福祉制度にも活かされることになった。

🎲 頻度論が乗り越えなければならなかった壁

しかし，頻度論的確率には，克服すべき1つの重要な問題があった。それは，「ある現象の確率がpであるとは，たくさんの観測をするとその現象がpの頻度で生起すること」というとき，その「たくさん」とはどの程度の大きさのことか，という問題だ。

例えば，サイコロを1回投げて1の目が出る確率が6分の1である，という場合，頻度論的確率で捉えるならば，十分大きい回数投げるとその6分の1の頻度で1の目が出る，ということになる。しかし，この「十分大きい」とはどのくらいだろうか。もう1つ問題がある。いくら大きい試行回数をとったとしても，そのうち「ちょうど6分の1の比率で出る」というのはおかしい。例えば，6万回投げて「ぴったり1万回」1の目が出るのは，逆に奇跡的なことになってしまう。したがって，6分の1「程度」というふうに幅を持たせなくてはならない。この場合の「程度」としてどのくらいの幅をとったらよいのだろうか。

この問題を解決することが，確率を研究する学者たちの重要なテーマとなった。これは結局，「大数の法則」と呼ばれる数学の定理として結実することになった。「大数の法則」

では，確率 p で生起する個別の確率現象を与えれば，先ほどの「どの程度の試行回数」と「どの程度の比率の幅」を設定すればよいか，ということにおおざっぱには答えることができる。あとの章で詳しく解説するが，答え方には 2 通りの方法がある。第 1 は「どの程度」の尺度として（p とは別の）確率を使うもの（大数の弱法則），第 2 は「無限回の試行」という抽象的な空間を利用するもの（大数の強法則）である。

「大数の法則」は部分的には，17 世紀のベルヌイや 18 世紀のド・モアブルとラプラスなどによって成し遂げられたが，決定的な解決を与えたのは，20 世紀のコルモゴロフである。コルモゴロフは，前述した数学的確率を極端に抽象化し，整備することによって，この「大数の弱法則・強法則」を数学的に証明することに成功したのである。本書では，大数の弱法則・強法則に対して，（単なるお話に終わらず）きちんとした証明を与える。

数学的確率

数学的確率とは，ある出来事の起きる「確からしさ」を数値で表すものである。基本的には，「等可能性」に依拠させる。例えば，コイン投げの確率では，「表と裏が等可能性を持つ」と考え，「表」にも「裏」にも 2 分の 1 の確率を割り当てる。また，サイコロ投げの確率では，「6 通りの目が等可能性を持つ」と考えて，それぞれの目の出る確率を 6 分の 1 とする。

数学的確率が特徴的なのは，「次の 1 回の試行」に対して

確率の数値を割り当てる，という点だ。そういう意味では，たくさんの試行をした上での頻度に注目する頻度論的確率とは異なっている。1回の試行だけに注目するわけだから，確率は抽象的で形而上的な数値になる。例えば，サイコロ投げでは出る目はたった1つなのに，それ以外の「可能性」というようなものも考えるからである。「可能性」というのは，事前にしか意味を持たない。1の目が出た，という結果を知っても，それは可能性については何も教えてくれないからだ。

　このような抽象的で形而上的な数値を考えるには，何かの数学的な枠組みが必要になる。当初は，コインの対称性やサイコロの対称性などで見られるような，図形的な対称性に注目し等可能性を割り当てた。20世紀になってからは，他の数学と同じように，「公理」によって数学的確率を捉える流儀が採用されることとなった。「公理」というのは，数学的素材が満たすべき性質を取り決めたものである。例えば，平面の幾何学は「ユークリッドの公理」によって取り決められ，球面の幾何学は「球面幾何学の公理」によって取り決められる，といった具合である。確率については，その数値の割り当てが満たすべきルール（79ページで解説する）によって取り決められる。これはコルモゴロフの公理と呼ばれる。

　コルモゴロフの公理系が重要なのは，それによって大数の弱法則・強法則を証明することができるからだ。すなわち，彼の公理系によって定められる数学的確率は，頻度論的確率と整合的になる，という点がみごとなのである。

主観的確率

 数学的確率と頻度論的確率の結合が、数学者たちの標的となり、攻略されていく一方で、主観的確率という考え方も傍流として研究され続けてきた。これは、「サイコロを1回投げて、1の目が出る」という事態に対して、「私は、6分の1の信念の度合いでそれを確からしいと思う」とする考え方である。

 通常、サイコロ投げで1の目が出る確率は6分の1というとき、それは観測者の心とは関係しない。したがって、通常の確率は客観的確率である。それに対して、確率の数値を個人個人の心の中にある心理的な見積もりの数値としたものが主観的確率なのである。

 主観的確率を正当化する議論として、「確からしさ」というものを私たちが扱うとき、必ずしも頻度と関係するわけではない、ということがある。

 例えば、私たちは、しばしば「明日の集まりには9割がた行けると思う」などと言う。このとき、私たちが言ったことが意味するのは、「明日行くかどうかのチャンスが10万回あったら、そのうち9万回は行く」ということではなかろう。なぜなら、明日行くかどうかが話題になっているイベントは明日の1回しかない。だから、10万回の機会を考えるのはナンセンスだ。

 この確率が表していることを明確にするなら、「明日はいろいろな事情が起きうるだろうが、現在持っている証拠に照らしてみれば、9割の確からしさで明日は行けるだろう」と

いうことになる。つまり、この数値は、頻度ではなく、言明の正しさの程度を表しているということだ。

次のような例を考えるともっと明快になるかもしれない。すなわち、「数学者たちは、現在は未解決の（例えば、リーマン予想のような）Xという数学の予想が99パーセント正しいと思っている」というとき、「99パーセント」という数値は何の数値だろうか。これこそ頻度論では説明することは不可能である。「Xという予想が仮に10万個あったとしたら」などとしたら、全く意味不明となってしまう。Xという予想は1つしかない。そうではなく、「いろいろな数学的な証拠から考えて、Xという予想はほとんど正しいと数学者は考えている」を表す言明なのである。具体例ではいくつも確認されているとか、他の類似の定理が成り立っているとか、特殊な空間では正しい、など数々の証拠がある一方、まだ完全な証明は見つかっていないから、1パーセントぐらいは反例がある可能性も踏まえておく、という意味に他ならない。まさに「信念の度合いとしての確からしさ」なのである。

主観的確率の歴史

主観的確率も、頻度論と同じくらいの、いや、ひょっとするとそれよりもずっと長い歴史を持っている。

古くから学者たちは、「確からしさ」を「証拠からの論証」と捉えていた。例えば、古代ギリシャのアリストテレスも13世紀イタリアの神学者アクィナスも、「確からしさ」を論理的な観点から見ていた。

17世紀イギリスの哲学者ホッブズは、「確からしさ」を

「しるし」と関連付けて認識している。「しるし」とは、何らかの因果関係を表すものだ。例えば、当時は、ペストという疫病がヨーロッパ社会を恐怖に陥れていた。たくさんのネズミの死は、ペストの流行の「しるし」と考えられた。しかし、それはあくまで「しるし」に過ぎず、決して「確実」ではない。この場合の「しるし」は、不確実性の程度を表すものなのである（[5] 参照）。

同じ 17 世紀ドイツの数学者ライプニッツは、法学者でもあったため、「確からしさ」を法的な観点から構築する試みを行った。それによれば、ある事態の「確からしさ」とは、証拠の程度やそれが論理的に証明しうる論証可能性だと言うのである。

例えば、ある容疑者がある犯行を行ったかどうかを審議している状況を考えよう。今、証拠はAしかないとする。このとき、Aという証拠が犯行をどの程度裏付けるのか。もしも、Aによって、犯行が完全に証明されるなら、「容疑者が犯行を行った」という信念の度合いに 1 を割り当てる。もしも、全く何の関係性も認められないのなら、0 を割り当てる。一般には、この両極端の中間に位置するだろうから、その場合、信念の度合いは分数で表される、そうライプニッツは考えたのである。

このような「信念の度合い」としての確率は、その後もさまざまな人によって論じられた。20 世紀イギリスの経済学者ケインズの学位論文は、主観的確率であった。少しあとのイギリスの数学者ラムゼーもケインズの考えを批判的に再構築し、独自の確率論を作り上げた。しかし、主観的確率の理

論を完成に導いたのは，20世紀アメリカの統計学者サベージだった。それは同時にベイズ統計学という新しい統計理論の樹立をも導く研究だった。本書は，主観的確率については，これ以降全く触れないので，興味ある人は，拙著［6］［7］などを参照してほしい。

🎲 ゲーム論的確率

最後に紹介するのは，頻度論的確率とも，数学的確率とも，主観的確率とも異なる，全く新しい第4の確率の考え方だ。新しいと言っても，確率というものがそもそもギャンブルの研究から始まった，という意味では，その原点に回帰した考え方という言い方もできる。

それは「ゲーム論的確率」と呼ばれる捉え方である。これは，今世紀になって提出された最新の考え方だ。シェイファーという統計学者とウォフクという数学者によって発表された。ウォフクはコルモゴロフの最後の弟子である。

この理論は，ゲーム理論という新しい数学理論をバックボーンとしている。ゲーム理論は，数学者フォン・ノイマンと経済学者モルゲンシュテルンが，1944年に提出し，瞬く間に多くの学問分野に浸透していった数学理論である。この理論は，人間や動物の活動をゲームに見立て，プレーヤーがゲームのルールに沿って合理的な戦略的行動をすると仮定したとき，どんな帰結が導かれるかを分析するものである（［16］参照のこと）。

シェイファーとウォフクの確率論は，ゲーム理論における「戦略」の考え方に立脚している。しかも，明示的には「確

率」という概念を表に出さない，という不思議な確率理論なのである。

　この理論では，「サイコロを1回投げて，1の目が出る」ということを次のようにイメージする。

　すなわち，今，サイコロを投げて出る目を予想して当てる賭けをすると考えよう。予想が当たれば，賭け金の6倍が還付されるルールである。このルールはパスカルの言う「公平な賭け」に立脚している。このとき，このサイコロ投げにおいて，結果的に「大数の法則」が成り立っておらず，(無限回投げたときの) ある目の出る頻度が6分の1でないとしよう。その場合，賭けの参加者には，借金することなく，所持金がゼロになることもなく，所持金を無限に増やすことができるような賭けの戦略が存在する，というのである。この場合，ある目の出る頻度が6分の1より大きいのだが，それがどの目であるかを事前に知ることは不要だ。また，統計的に推測する必要もない。にもかかわらず，うまい戦略をとれば，借金することなく，所持金は確実に無限大になるのだ。

　シェイファーとウォフクのこの理論では，「借金なしに所持金が確実に無限大になる」賭けなど現実にはありえないので，したがって，最初に仮定した大数の法則が成り立っておらず，は誤りであり，大数の法則は成り立っていなければならない，という不思議なロジックによって，頻度論的確率を論証するのである。

　ゲーム論的確率の理論は，確率の理論であると同時に資産運用の理論（ファイナンス理論）でもある。もしも読者が金持ちになりたいなら，見逃せない理論であろう。

🎲 確率のイメージは皆それぞれ

　以上，確率というものを理解するための4つの方法論を与えてきた。そして，それらが皆それぞれに，人間が不確実性というものと向かい合うときの妥当な理解の仕方を与えてくれる。それらは，それぞれに特有の数学的な枠組みを開発し，今も発展を続けている。これらは，人間の不確実性理解の多様性を表しているのである。

　このように，確率は，人間くさくてユニークな数学概念である。本書では，確率の基礎からスタートし，確率の面白さを読者に伝えながら，頻度論的確率を詳しく解説し，最後にはゲーム論的確率にたどり着くことを目標とする。

第3章

確率はナゾだらけ

> 確率を想念的なものとしていいなら観測不可能でもかまわないが、あくまで観測可能なものとしたいならば、別の概念が必要となる。それで考え出されたのが、頻度論的確率である。(本文より)

🎲 確率はナゾだらけ

　第1章と第2章では，確率という考え方の歴史をまとめた。17世紀頃から定式化され始めた確率という概念は，20世紀には一応の完成を見て，学校数学でも必修の分野となった。

　しかし，その一方で，「確率とは何か」という問いは決して消え去ったわけではない。それは学問分野でもそうであるし，一般の人にとってはもっと顕著であろう。実際，「確率とは何か」という問いは，「幾何学とは何か」とか「数とは何か」などに比べると別次元の混乱した様相を持っていると言えるのである。一般の人が首をかしげ，「確率は苦手です」と逃げ腰になるのは仕方ないことだ。

　そこで，第Ⅱ部・第Ⅲ部で本格的な確率の解説を行う前に，第Ⅰ部の締めくくりとして，確率への根源的な問いかけをまとめておこうと思う。確率概念への疑問を読者にぶつけることは，読者をいらぬ混乱に導く心配があることはわかっ

ている。けれども、そうすることには、その心配事を凌駕するほどの御利益がある。その1つは、確率という概念の曖昧さを知ることで、読者が抱いている確率の「わからない感」の出所を明確にできる、ということ。もう1つは、本書で紹介するさまざまな確率理論が、その根源的な問いになんとか答えようとして生みだされていることが捉えやすくなり、各理論の本質をよりよく理解できることである。

それでは、確率に対して、根源的な問いを投げかけていくこととしよう。

確率は実在するのか？

最初に浮かぶのは、「次の1回の試行における確からしさ」を表す確率というものが、果たして実在物なのか、という疑問である。例えば、サイコロを投げて1の目の出る確率 p というのを考えるとき、この p とはいったい何なのか、どこにあるのか、ということだ。

まず、「1回の試行を実際に実行することでは、p はわからない」、ということに注意しよう。例えば、仮に2の目が出たとしても、それは単に2の目が出た、ということにすぎず、「1の目の出る確率」p に関しては、何も教えてくれない。これは、「1の目の出る確率」は p であったが、確率 $1-p$ で起きる「1の目は出ない」という出来事が起きた、にすぎない。このことは、数値 p に関して何も情報をもたらさない。

数学的確率という概念が学習者の頭を混乱させるのは、この点にある。数学的確率は「次の1回の出来事」について語

っているにもかかわらず，現実の「次の1回の出来事」が何もその数値を明らかにしてくれないからである。

このことは，幾何学と比べると明白になる。例えば，平面幾何学では「三角形の内角の和は180度である」という性質が，ユークリッドの公理系（直線や円が満たす根本的なルール）から数学的な論理だけによって導かれる。ところで，証明されただけの定理は，あくまで形而上学である。しかし，現実にこの性質が成り立つか成り立たないのかは，実際に平らな紙の上に三角形を描き，3つの角度を計測することで確認することができる。つまり，幾何学が何かある図形の性質を語るとき，そのある図形に関して現実の計測を行うことで，幾何学の定理の正否を確認することができるのである。

確率については，これと事情が異なる。確率は，それ自身が語っている対象（次の1回の試行）を具体的に調べても，正否を確認することができないのである。その原因は，確率というのが，「可能性」について語っている点にある。つまり，「Aである」または「Aでない」という確定的な言明ではなく，「Aである可能性がある」と「Aでない可能性がある」という，その「可能性」の程度について語っているからである。したがって，「現実にAが起きた」ことからも「現実にAが起きなかった」ことからも，「可能性」の程度について何か有益な情報を引き出すことはできない。1回の観測からは何も検証できない。

この確率の持つ固有の数学的特質は，悪用できるので始末が悪い。例えば，医者が「あなたの病気はこの薬の投与で8割がた治るはずです」と言った場合，治らなかったときは

「あなたには不運な2割の可能性のほうが起きてしまった」と言い訳することができる。これは，金融商品の販売などでもしばしば利用される責任回避である。確率的言明があくまで「可能性的」であり，1回の観測からは何も検証できないかぎり，いつでも言い訳は可能なのである。

このように，「次の1回の確率」が実在物かどうかは，原理的にどうやっても検証することができない。あくまで想念の中にだけ存在すると考えるしかない。

フォン・ミーゼスの批判

「次の1回の確率」である数学的確率について，フォン・ミーゼスという20世紀の数学者が激烈な批判を展開している（参考文献［8］）。

フォン・ミーゼスは，「次の1回の確率」などという，集団性の外側で定義されるもの（詳しくは次ページ）は無意味だ，と論じた。彼が例に挙げたのは，サイコロ投げの確率，死亡確率，気体分子の速度分布である。これらのものに対して，「1回の～」ということを考えても意味はない，と彼は言う。

サイコロは次の1回にどの目が出るかはわからない。したがって「1回の試行」について語ることはできない。人間の死亡についてもこの1年にどの人が死ぬかは予想がつかない。だから，「ある人が今年1年のうちに死ぬ」という可能性を論じることも無意味である。これらのことは，物理における分子運動論のアナロジーで考えるとより明確になる，とフォン・ミーゼスは言う。すなわち，気体は多数の分子の熱

運動によって構成されているが,特定の1個の分子のスピードを計測することは原理的に不可能であり,温度や圧力といった集団的な指標の中で速度を捉えることしか意味がない,というのだ。これらの現象では,みな,たくさんの試行やたくさんのサンプルの中に,初めて安定的な数値が現れる。つまり,集団現象として捉えることで初めて意味のある数値が出現するのである。

フォン・ミーゼスの挙げる次の例は,さらにわかりやすく,説得力がある。

いま,100万枚の宝くじの中の番号400000番が当たりだとしよう。このとき,個々の宝くじの一枚一枚を個別にとりあげて,「その宝くじの当たる確率」などを考えるのは意味がない,と彼は指摘した。なぜなら,それは400000番以外なら「はずれ」,400000番なら「当たり」と確定しているからである。それは「可能性」ではなく「確定的」である。したがって,「宝くじの当たりやすさ」を表したいなら,100万枚をひとまとめにしてみて初めて意味が生まれる。それはその中のどれか1枚が当たり,という意味であり,当たる確率は100万分の1だ,ということだ。

フォン・ミーゼスは,「次の1回の確率」の基礎となる「同様に確からしい(等可能性)」という概念に対しても,厳しい批判を展開する。

例えば,サイコロで1の目の出る確率は「1の目,2の目,…,6の目の6つがすべて同様に確からしい」ことを基礎にして,それぞれに確率6分の1が割り当てられる。しかし,この「同様に確からしい」は,結局「等しい確率」と同

じ意味となっている。とすれば,「確率」を使って「確率」を定義しているにすぎず,これは自家撞着に陥っている,というのである。

フォン・ミーゼスは,このような理由から,「確率の理論は観測可能なものでなければいけない」,と主張する。「次の1回の確率」のような,観測できず想念的にすぎない概念を拒絶しているのである。それで,フォン・ミーゼスは,確率を大数の法則を土台に再構築することに挑戦した。それは,「コレクティーフ」と呼ばれる理論であった。コレクティーフについては,第11章で詳しく解説する。

確率は多数現象だとすれば解決するか？

以上の疑問や批判によって,「次の1回の確率」というようなものは観測不可能であることが明らかとなった。確率を想念的なものとしていいなら観測不可能でもかまわないが,あくまで観測可能なものとしたいならば,別の概念が必要となる。それで考え出されたのが,頻度論的確率である。

サイコロを投げて1の目が出る確率というのは,「サイコロを多数回投げたときの1の目の出る頻度」に現れる,と考える立場だ。これは,第2章で述べた通り,確率に関して当初から意識されていた考えだった。そして,それはやがて,大数の法則（弱法則と強法則）という定理に結晶することとなった。

しかし,確率が頻度だとするなら,フォン・ミーゼスの指摘する通り,多数の集まったサンプルでしか確率は語れないことになる。そうなると,確率の用途を著しく狭めることに

なるだろう。例えば,「宝くじが当たる確率は100万分の1」というとき,それは「100万枚の宝くじの中に当たりが1枚ある」という意味にすぎなくなる。ある病気の死亡率が1パーセントというとき,それは「10000人の患者の中で100人の死亡者があった」という事実を単に述べていることになる。これでは,観測された現象とほとんど同義であり,何も新たな知見をもたらさないに違いない。

したがって,やはり,「次の1回の確率」と「多数回の中に浮かび上がる頻度」とを結びつけてこそ,確率を考える意義が出る。それを実現するのが,「大数の法則(弱法則と強法則)」というものなのだ。

🎲 大数の法則は,現実とはなんら無関係

そこで「大数の法則(弱法則と強法則)」に議論の軸を移そう。
「大数の法則(弱法則と強法則)」は,おおざっぱに言えば「1回の試行における確率は,多数回の試行における頻度に表れる」ということだ。こう聞くと,この法則はあたかも何か現実について語っているように思う人が多かろう。つまり,例えば,「地上で投げ上げた物質は放物運動をする」という物理法則とあたかも同じ印象を持つ,ということだ。しかし,これは誤解である。この物理法則は,「実際にやってみればそうなる」というタイプの法則を意味する。物理法則とは基本的にそういうものだ。しかし,「大数の法則(弱法則と強法則)」は決して「実際にやってみればそうなる」という法則ではない。あくまで数学的な論理で証明される数学

の定理にすぎないのである。現実とはどこにも接点がない。

　実際,（第5章と第8章で解説するが）この証明をよくよく読めば,「現実」がどこにも出てこない。あくまで, 定義と公理から論理の積み上げによって証明されるものである。そういう意味では, 代数学や幾何学と同じである。

　では,「大数の法則（弱法則と強法則）」は, 別種の方法で現実的に検証可能なのだろうか。

　答えは否である。なぜなら, 前に述べた通り,「次の1回の確率」というのが観測不可能であるかぎり,「次の1回の確率」と「多数回の試行での頻度」とが一致するかどうかを比較検討することはできない。「大数の法則（弱法則と強法則）」とは, 観測不可能な「次の1回の確率」を「多数回の試行における頻度」によって代替的に定義しよう, という企てにすぎない。現実的に検証することは不可能なのである。

大数の法則では確率は二重になっている

　ここで読者は, 次のように反論するかもしれない。
「サイコロを実際に600回投げてみた。そしたら, 1の目が108回出た。これはだいたい6分の1の頻度である。たしかに, 1回投げただけだと, 1の目が出る・出ない, という結果にすぎない。けれども, 600回投げてみると約6分の1の回で1の目が出ているのだから, その理由を, 1回投げたときの1の目が出たり出なかったり, の可能性が6分の1だから, 全体の6分の1で1の目が出ている, そう判断できるのではないか」と。

　しかし, この考えにも（フォン・ミーゼスの指摘する）誤

謬が含まれている。なぜなら,「全体の約6分の1で起きた」ということが,いつのまにか,「次の1回での可能性」にすり替えられているからだ。この読者は,ここにおける「可能性」という言葉に何か独自のイメージや個人的解釈を持っているのかもしれない。要するに,「可能性とは,たくさん試行するとき,比率として出現する」のようなイメージだ。しかし,それは,あくまで個人的なイメージによる勝手な解釈であり,万人に説得力を持つわけではない。とりわけ数学においては,「可能性」という言葉に厳密な定義が与えられない限り,それは何も語ったことにならない。

　さらに言うなら,「だいたい6分の1」「約6分の1」というところに,ひどい曖昧性がある。実際の頻度は,$108 \div 600 = 0.18$ となっている。「6分の1」という先入観があるから,「約6分の1」としているが,もしも事前に予想値がなければ,この0.18が「サイコロ投げで1の目の出る確率」でなければならないだろう。しかし,そうすると,確率はやる度にやる人ごとに,異なる数値になるだろう。確率は確定的な数値でないというのか。

　実は,「大数の法則」を数学法則として提示するとき,この点について,みごとな逃れ方をするのである。

　大数の弱法則と呼ばれるバージョンでは,「サイコロを1回投げて各目の出る確率がみな6分の1としよう。そのとき,N回投げたときの1の目の頻度が,6分の1から与えられた正数 ε より離れる確率は,N を十分大きくとれば,十分0に近くなる」と表現する。詳しくは,第5章を読んで理解していただくとして,ここで注目してほしいのは,「頻度が

6分の1から与えられた正数εより離れる確率」という表現である。つまり、サイコロ投げの「1回の確率6分の1」を多数回の試行から検証するための尺度に、「正数εより離れる確率」という形で、6分の1とは別の確率が使われるのである。これは、さきほど批判した「やる度にやる人ごとに、異なる数値になる」に対する逃げ道になっている。頻度がいくつになるかは、確率的に決まるのだから、0.18など、いろんな数値が出得るのは仕方ない、というわけだ。

しかし、ちょっと待ってほしい。今、多数回の頻度として「1回の確率」というものを定義しようとしている。にも、かかわらず、それにはすでに「確率」という尺度が入り込んでいる。言い換えると、「大数の法則」では、確率というものが二重に現れている。これは自家撞着、すなわち、堂々巡りではないのだろうか。

🎲 確率は迷信のるつぼ

以上の議論はかなり込み入っていたので、箇条書きでまとめておこう。

❶ 「次の1回の確率」を意味する数学的確率は、検証不可能であり、形而上的な概念にすぎない。

❷ 「大数の法則（弱法則と強法則）」は、「次の1回の確率」を「多数回での頻度」で代替しよう、というアイデアである。

❸ 「大数の法則（弱法則と強法則）」は、物理法則のように現実に成り立つことを主張するものではなく、あくまで、数学的な論理を使って証明される定理にすぎない。

❹ 「大数の法則(弱法則と強法則)」を表現するためには、確率概念が必要であり、そういう意味で確率の二重性が排除できない。

　第Ⅱ部,第Ⅲ部で展開される確率理論の解説を読解する上で,以上のことを参考とすると,より理解が深まると思う。

　本書ではほとんど触れないが,確率の考え方にはここに見たような形而上性や検証不可能性,自家撞着などが満載なので,世の中には確率をめぐる迷信やジンクスがたくさんある。例えば,「1等の出やすい宝くじ売り場がある」とか「ロトくじの当選番号には特定の傾向が見られる」などである。エンタティメントとして,こういう話を楽しむぶんにはかまわないが,詐欺や犯罪の温床にもなりうるので,野放図に放置するのは問題だろう。

　筆者も,マスコミから確率についての取材をよく受ける。例えば先日も,ラジオ・ニュースのディレクターから,「今回の宝くじは,同じ町で1等と2等が出ました。これは確率的に見て奇跡と言えると思えます。そういうふうにコメントしていただけませんか」というオファーが来た。筆者は,この手の質問には,「単なる偶然です。実際に起きたことに特殊な意味を探し出して付与すれば,どんなことでも奇跡に仕立てることができますから」と答えることにしている。

第 II 部

II

確率と大数の法則

第4章

確率モデルはこう記述する

> 確率というのは、事象（出来事）それぞれに、「その出来事が起きる確からしさの程度」として、0以上1以下の数値を割り振ったものである。（本文より）

🎲 ようこそ確率の世界へ

第Ⅰ部では，確率の歴史と，確率についてのさまざまな考え方とを提示した。いよいよ，この第Ⅱ部で確率の詳しい解説に入ろう。確率の基礎から入門し，大数の弱法則と大数の強法則の証明まで道案内する。

🎲 確率モデルを作る

確率を扱うためには，「確率モデル」というものを作る。確率モデルの基本形は，高校数学でも少し教わるのだが，本格的なフォーマットを学ぶのは大学数学においてである。とは言っても，フォーマット自体はそんなに難しいわけではない。

確率モデルとは，簡単にまとめれば，「出来事」に0以上1以下の数値を割り振ったものだ。基本的に，次の3ステップで作られる。

第4章 確率モデルはこう記述する

ステップ1 不確実現象の根本となる出来事（標本点）を記号で表す。

ステップ2 確率を導入するための基礎となる出来事たち（根元事象）に確率を割り振る。

ステップ3 ステップ2を土台にして，一般的な出来事（事象）に確率を割り振る。

　ポイントになるのは，「集合」という数学の技術を使って表現する，ということである。集合は，19世紀に整備された数学理論だが，現在ではすべての数学の分野に浸透し，どの数学的素材も集合を使って記述されている（拙著［9］などを参照のこと）。そのくらい集合の記号法と演算は，数学を表現するのに向いているのだ。

　確率モデルを記述する際に，集合の有効性は目を見張るものがある。もちろん，日常の言葉を使っていちいち表現していくこともできなくはないが，分析する内容が複雑になるにしたがって，日常の言葉で表現していると理解が苦しくなっていく。理論の「近場」だけで済ますなら日常の言葉で理解できれば十分だが，確率の大海原を楽しむには面倒がらずに集合という「泳法」をマスターするのが効率的なのである。

　以下，この3つのステップについて順を追って説明しよう。

天気の確率モデル

　確率モデルとしては，コイン投げやサイコロ投げが標準的だが，これらは対称性という特殊性を持っている。より一般

的なケースとして，先に「明日の天気」の確率モデルを説明しよう。

ステップ1として，標本点の集合というのを作る。標本点の集合とは，「世界がそのいずれかに決定されるのだが，現段階ではどれになるかわからないもの」を意味する言葉である。注目している現象を記述するための最小単位だと理解すればいい。

これは，哲学においては「可能世界」などと呼ばれる。可能世界とは，世界のありようとして「ありうるもの」「可能なもの」であり，しかし，そのいずれに自分が存在するかがわかっていないものを列挙した概念だ。

どれに決まるか現段階ではわからない理由は，基本的に2通りある。第1は，「未来に起きる・これから起きる」から今はわからない，という場合。第2は，「もう起きているが，結果を見ていない・聞いていない」から今はわからない，という場合だ。前者は「未来の不確実性」，後者は「情報の不確実性」と呼ばれる。

「明日の天気」の標本点として，次の4つを与えるとしよう。

　　　　標本点 →「晴れ」，「曇り」，「雨」，「雪」

もちろん，気象学的にはもっと細かく分類することができるのだろうが，わかりやすさを優先してこの4個で済ませる。

この4個の標本点を｛　｝でくくると，集合の表現となる。

　　　Ω = {晴れ, 曇り, 雨, 雪}

Ωは，ギリシャ文字でオメガと読む。Ωは，標本点すべてを集めた集合に付けた名前で，確率理論や統計学では，このギ

第4章 確率モデルはこう記述する

リシャ文字を使うことが多い。

標本点は，次のような意味である。すなわち，「明日の天気」はΩに属する4個の標本点のどれか1つに決定されるが，現段階ではそのどれになるかわからない，ということである。これは，「未来の不確実性」に属する。したがって，標本点同士は互いに排他的であり，一方が起きていれば，他方は起きていない。つまり，2つ以上が同時に実現することはない。例えば，「晴れ」が起きれば，「曇り」は起きることはない。ここまでがステップ1である。

標本点を使うと，「事象」というものを作ることができる。「事象」とは，考えている確率モデルの中での出来事の総称である。

例えば，「雨傘を使う」という天気にまつわる出来事を考えてみよう。この出来事を意味する事象を標本点で表現するなら，

　　　「雨傘を使う」＝{雨, 雪}

となる。この事象の意味は，次の規則からわかる。

＊世界が標本点「雨」に決まる→

　　　　　　　　　事象「雨傘を使う」は起きる

＊世界が標本点「雪」に決まる→

　　　　　　　　　事象「雨傘を使う」は起きる

＊世界が標本点「晴れ」に決まる→

　　　　　　　　　事象「雨傘を使う」は起きない

＊世界が標本点「曇り」に決まる→

　　　　　　　　　事象「雨傘を使う」は起きない

同様に，「天気が悪い」という出来事を意味する事象は，

「天気が悪い」＝{曇り, 雨, 雪}

とすればよい。事象は，Ωの標本点をいくつか集めて集合としたものであり，集合の用語では「部分集合」と呼ばれる。A が B の一部であるとき，A は B の部分集合であるといい，$A \subseteq B$ と記される。したがって，今の例では，

{雨, 雪} $\subseteq \Omega$

{曇り, 雨, 雪} $\subseteq \Omega$

となる。また，

{雨, 雪} $\subseteq$ {曇り, 雨, 雪}

も成り立つ。

もちろん，具体的な意味がつかめなくても部分集合であれば，事象と呼ぶ。例えば，

{晴れ, 雪}

というのは，何を表しているかはよくわからないが，これも出来事，すなわち，事象として捉える。当たり前のことだが，各標本点1個をそれぞれ{ }でくくれば，それも事象として捉えることができる。すなわち，

{晴れ}, {曇り}, {雨}, {雪}

は事象である。また，Ω自体も事象の一つである。これは「全事象」と呼ばれる。特別な事象として，標本点を1個も含まないものがある。これは「空事象」と呼ばれ，ϕ という記号で書く。

＊全事象Ω → どの標本点に決まってもΩは起きる

＊空事象ϕ → どの標本点に決まってもϕは起きない

すなわち，Ωは必ず起きる事象，ϕは絶対起きない事象である。

以上で，出来事を意味する事象の定義が済んだ。

🎲 根元事象に確率を設定する

次のステップに移ろう。いよいよ，確率を設定する。

確率というのは，事象（出来事）それぞれに，「その出来事が起きる確からしさの程度」として，0以上1以下の数値を割り振ったものである。

　　事象 → 0以上1以下の数値

という対応関係を作る。事象Aが起きる確率を$p(A)$と記す。ここでpは，probability（確率を意味する英語）の頭文字pである。$p(A)$という表記では，中学で教わった「関数」を思い起こせばいい。0以上1以下の数値の集合$0 \leq x \leq 1$は，$[0, 1]$と記されるので，正式に書くと，

　　p：Ωの部分集合 → $[0, 1]$の数

という対応関係となる。

どうやって事象たちに数値を割り振るのか。

まず，確率を割り振る基礎となる事象たちを決める。この基礎となる事象を「根元事象」と呼ぶ。今，考えている天気についての根元事象は，1個の標本点を事象に仕立てた，

　　{晴れ}, {曇り}, {雨}, {雪}

の4つの事象である。このように1個の標本点を基礎にするのは当たり前だと思う読者が多いだろうが，この基礎だと都合の悪いモデルがあとで出てくる。そういう例があるから，わざわざ根元事象という言葉を作って，それを経由するのである。

さて，まず，この根元事象たちの確率を決める。すなわ

ち,

> $p(\{晴れ\})$, $p(\{曇り\})$, $p(\{雨\})$, $p(\{雪\})$

の数値を決める。一般の事象の確率は，これらを土台にして自然に決まってしまう。

根元事象たちに確率を割り振る際，重要な決まりがある。それは，「根元事象の確率をすべて合計すると1になるように設定する」，ということである。この場合で言えば，

> $p(\{晴れ\}) + p(\{曇り\}) + p(\{雨\}) + p(\{雪\}) = 1$

ということである。これを「正規化ルール」と呼ぶ。足して1に設定するとは，確率を常に「全体が1になる」ように取り扱うことである。簡単な設定だが，この正規化ルールのおかげで，予想外の大きな利便性が生まれる。

この正規化ルールを守りさえすれば，根元事象への確率の割り振りをどう設定しても，それは一つの確率モデルになる。根元事象への確率の割り振り方で代表的なものは2つある。ここに，第2章で述べた確率の捉え方の立場の違いが反映される。

頻度論的確率の立場から割り振る

まず，頻度論的確率の立場からの確率の割り振りを説明しよう。

頻度論的確率の立場では，例えば次のようにするのが自然である。すなわち，その地方において明日の日付と同じ日の天気を過去20年ほどさかのぼって調べて，その頻度を取る。そして，その頻度を確率として割り振るのである。例えば仮に，20年のうち8年が晴れ，6年が曇り，4年が雨，

2年が雪であったとしよう。この場合、それぞれを20で割った頻度を確率として割り振り、

$p(\{晴れ\}) = 0.4, p(\{曇り\}) = 0.3,$
$p(\{雨\}) = 0.2, p(\{雪\}) = 0.1$

と設定するわけである。これは、過去の頻度（事象の起きた回数÷全回数）を「明日にその天気が起こる起こりやすさ」だと見なす考え方である。まさに頻度論的確率に立脚した確率の割り振りだと理解できるだろう。

ところで、実際の天気予報はどのように確率を割り振っているのだろうか。

現代の天気予報では、もっと細かいデータを使って確率を出している。気圧配置などを示す気象図で、過去に今日と同じ気象図であったものをピックアップする。そして、それらの気象図のうち、翌日に雨が降った頻度を計算し、それを明日の降水確率として発表するのだ。これは、気象図の上で今日の配置と区別のつかなくなった過去のデータの中で、翌日に雨になった頻度をして、「雨が降る可能性」とする頻度論的発想である。

では、この現代の天気予報は、どのくらいの精度で当たるのか。

結論から言えば、相当よい精度で当たっているようだ。実際、参考文献［10］によれば、アメリカでの天気予報において、「降水確率30パーセント」という予報を出した257回のうち、実際に雨が降ったのが74回であった。つまり、雨が実際に降った頻度は28.8パーセントだったことになる。確かに、雨の降った頻度と予報の確率はほぼ同じになってい

る。他で言うと,「降水確率80パーセント」の予報を出した82回のうち,実際に雨が降ったのは60回,頻度は73.2パーセントだった。これも予報確率とほとんど一致している。他の降水確率についても,おおむね,予報の数値と実際の降水頻度との一致が見られる。

主観的確率の立場から割り振る

確率を心の中にある信念と捉える主観的確率の立場に立つなら,「明日の天気」の確率モデルにおける根元事象への確率の割り当ては,「私は,こう思う」という数値を勝手に割り振ればいい。ただし,この場合も正規化ルールだけは守らなくてはならない。

最も典型的な割り振りは,「理由不十分の原理」と呼ばれる方法である。これは,自分が天気を予想するための情報を何も持っていない場合,「どの天気も,他より起こりやすいとも起こりにくいとも判断できないから,対等として設定しよう」とするものである。すなわち,

$p(\{晴れ\}) = 0.25, \ p(\{曇り\}) = 0.25,$
$p(\{雨\}) = 0.25, \ p(\{雪\}) = 0.25$

のように均等の数値に設定するのである。安易ではあるが,これも1つの確率モデルとなる。

あるいは,(例えば,あなたが東京に住んでいるとして)常識的に考えて,雨は晴れや曇りより可能性は低く,雪はもっともっと低い,と考えるなら,例えば,

$p(\{晴れ\}) = 0.4, \ p(\{曇り\}) = 0.4,$
$p(\{雨\}) = 0.18, \ p(\{雪\}) = 0.02$

第4章 確率モデルはこう記述する

などと設定してもよい。これは、根拠は薄いが経験に多少は依拠した主観的な設定だと言えよう。

🎲 事象への確率の割り振り

以上で根元事象への確率の割り振り方の説明が終わったので、ステップ3に移ろう。

根元事象への確率の割り振りができると、一般の事象の確率は自動的に決まってしまう。一般の事象の確率は、その事象を構成している標本点の根元事象に割り振った確率の和と定義する。今、例として、65ページの

$p(\{晴れ\}) = 0.4, p(\{曇り\}) = 0.3,$
$p(\{雨\}) = 0.2, p(\{雪\}) = 0.1$

の場合をやってみよう。このとき、事象「雨傘を使う」に確率を定義してみる。

「雨傘を使う」= {雨, 雪}

であったから、根元事象{雨}に割り振った確率 0.2 と、根元事象{雪}に割り振った確率 0.1 を合計して、

$p(「雨傘を使う」) = p(\{雨\}) + p(\{雪\}) = 0.2 + 0.1 = 0.3$

と定義するのである。もう1つ、事象「天気が悪い」への割り振りを見ておこう。

$p(「天気が悪い」) = p(\{曇り\}) + p(\{雨\}) + p(\{雪\})$
$= 0.3 + 0.2 + 0.1 = 0.6$

となる。

これらの例でわかるように、根元事象への確率の割り振りが決まれば、一般の事象への確率の割り振りは自動的に決まってしまう。

特殊な事象に対する割り振りを見ておこう。標本点全体の集合である全事象Ωと，何も根元事象を持たない空事象ϕへの確率の割り振りは，

$p(\Omega) = 1, p(\phi) = 0$

となる。これは確率モデルに依存せず，すべての確率モデルで成り立つ性質である。

コイン投げとサイコロ投げ

事象と確率についての定義が済んだので，最もよく用いられる確率モデルとして，コイン投げとサイコロ投げについて解説しておこう。コイン投げの確率モデルは，本書全体で利用される重要な確率モデルである。

コイン投げの確率モデルは，均整のとれたコインを投げて表が出るか裏が出るかを見ることに対応するものである。通常，表を H (Head)，裏を T (Tail) で表すので，標本点の集合は，

$\Omega = \{H, T\}$

となる。根元事象は，言うまでもなく，

$\{H\}, \{T\}$

の2つである。均整のとれたコイン投げである，ということは，根元事象の確率が同じになることを意味する。すなわち，

$p(\{H\}) = 0.5, p(\{T\}) = 0.5$

である。コイン投げの確率モデルには，根元事象以外の事象は全事象Ωと空事象ϕしかないので，他に述べるべきことはない。

第4章 確率モデルはこう記述する

次にサイコロ投げの確率モデルを与えよう。これも均整のとれたサイコロについて考える。「1の目」を単に「1」のように記述すれば、標本点の集合は，

$$\Omega = \{1, 2, 3, 4, 5, 6\}$$

となる。均整のとれたサイコロなので，すべての根元事象に等確率を割り振るべきだ。すなわち，

$$p(\{1\}) = \frac{1}{6}, \ p(\{2\}) = \frac{1}{6}, \ p(\{3\}) = \frac{1}{6},$$

$$p(\{4\}) = \frac{1}{6}, \ p(\{5\}) = \frac{1}{6}, \ p(\{6\}) = \frac{1}{6}$$

と設定するのが，サイコロ投げの確率モデルである。

サイコロの場合は，根元事象が6個もあるのでいろいろな事象を設定しうる。例えば，事象

「偶数の目が出る」= $\{2, 4, 6\}$

の確率は，

$$p(\{2, 4, 6\}) = p(\{2\}) + p(\{4\}) + p(\{6\})$$

$$= \frac{1}{6} + \frac{1}{6} + \frac{1}{6} = \frac{1}{2}$$

で与えられ，事象

「4以下」= $\{1, 2, 3, 4\}$

の確率は，

$$p(\{1, 2, 3, 4\}) = p(\{1\}) + p(\{2\}) + p(\{3\}) + p(\{4\})$$

$$= \frac{1}{6} + \frac{1}{6} + \frac{1}{6} + \frac{1}{6} = \frac{2}{3}$$

となる。

ここで，確率モデルを図形的なイメージで捉える方法を述

べておこう。推奨したいのは，長方形の面積図を使うことである。まず，基本の長方形を全事象Ωと設定する。次に，基本の長方形を，標本点を表す長方形に分割し，各面積が確率と同じになるようにするのである（図 4-1）。

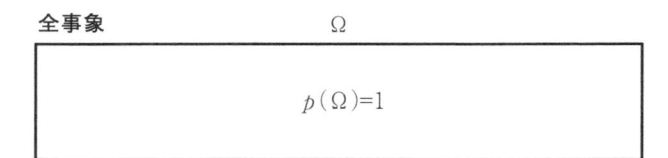

全事象　　　　　　　　　　Ω

$p(\Omega)=1$

明日の天気の確率モデル　Ω

晴れ $p(\{晴れ\})=0.4$	曇り $p(\{曇り\})=0.3$	雨 $p(\{雨\})=0.2$	雪 $p(\{雪\})=0.1$

コイン投げの確率モデル　Ω

H $p(\{H\})=0.5$	T $p(\{T\})=0.5$

サイコロ投げの確率モデル　Ω

1 $p(\{1\})=\frac{1}{6}$	2 $p(\{2\})=\frac{1}{6}$	3 $p(\{3\})=\frac{1}{6}$	4 $p(\{4\})=\frac{1}{6}$	5 $p(\{5\})=\frac{1}{6}$	6 $p(\{6\})=\frac{1}{6}$

図 4-1

🎲 コイン2回投げの確率モデル

確率モデルの中でとりわけ重要なのは、繰り返しの試行を表現したものだ。例えば、コインを繰り返し投げるとか、サイコロを繰り返し投げるとかである。ここでは、コインの例を使って解説しよう。

今、コインを2回投げる試行を考える。最初に表が出て、次に裏が出ることは、単純にHTと記すこともあるが、本書では座標の記法を使って、(H, T)と記す。標本点は、HまたはTを並べた座標なので、4個の要素からなる次の集合となる。

$$\Omega = \{(T, T), (T, H), (H, T), (H, H)\}$$

これはコイン1回投げモデルを2個並べたもので、専門的には「直積試行」と呼ばれる。コイン投げの標本点の集合を改めてΩ_1と記すなら、このコイン2回投げの標本点の集合は$\Omega_2 = \Omega_1 \times \Omega_1$と記される。コイン2回投げを図形的に表すのは、何通りか考えられるが、次の3つが典型的なものである。

第1は、第1章で紹介した樹形図で表すもの。(図4-2)

第2はマトリックス型(行列型)、第3はあくまで横向きに分割していく直列型である

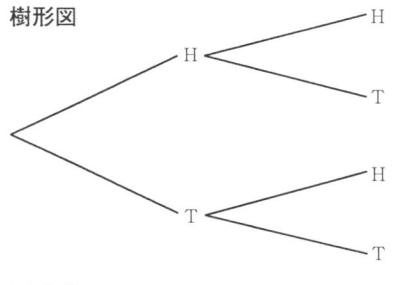

樹形図

図4-2

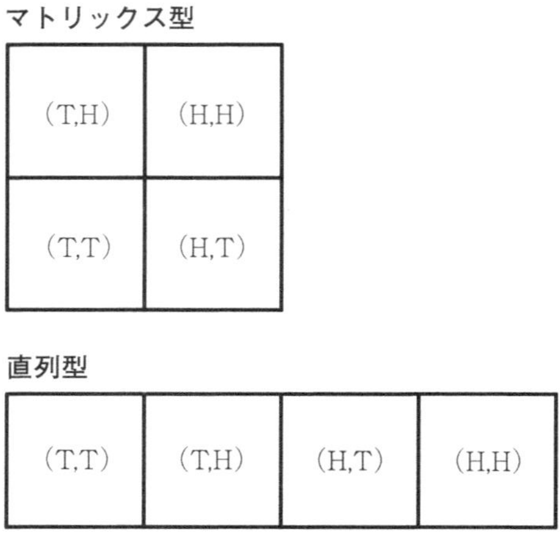

マトリックス型

(T,H)	(H,H)
(T,T)	(H,T)

直列型

(T,T)	(T,H)	(H,T)	(H,H)

図 4-3

(図4-3)。どれがいいかは，何をイメージ的に理解したいかに依存する。本書では適宜，使い分けることにする。

　直積試行の場合は，自然な形で事象が記述できる。例えば，「1回目が表」という事象は，2回目は何が出てもいいので，

　　「1回目が表」= {(H, T), (H, H)}

と表現できる。また，「裏がちょうど1回出る」という事象は，

　　「裏がちょうど1回出る」= {(T, H), (H, T)}

と表現できる。

　コイン2回投げの確率モデルには，4個の根元事象を等確率に割り振る。すなわち，

$$p(\{T, T\}) = \frac{1}{4}, \ p(\{T, H\}) = \frac{1}{4},$$

$$p(\{H, T\}) = \frac{1}{4}, \ p(\{H, H\}) = \frac{1}{4}$$

とするのである。

コイン3回投げの確率モデルもこれを延長したものになる。本書で到達したい大きな目標は，コイン無限回投げのモデルを読者に理解してもらうことだが，それについてはあとの章で解説する。

🎲 事象の計算から新しい事象を作る

確率モデルを，集合を使って記述することの便利さは，事象に計算をほどこして，新しい事象を作りだすことができることだ。事象に対する計算は，出来事を接続詞で結びつけたり，否定形にしたりすることと対応している。それは，次の3種類である。

1 「または」と対応する計算
2 「かつ」と対応する計算
3 「でない」と対応する計算

サイコロ投げの例で順々に解説しよう。

事象Aと事象Bがあるとき，「AまたはB」という事象を作ることができる。「AまたはB」という事象が起きる，とは，Aが起きるかBが起きるか（あるいは両方が起きるか）することである。これは，Aを構成する標本点とBを構成する標本点とを合併することで得られる。例えば，Aを事象「偶数」とし，Bを事象「4以下」とすると，

$A = \{2, 4, 6\}$

$B = \{1, 2, 3, 4\}$

であるから,「偶数または4以下」という事象は,サイコロで1,2,3,4,6のいずれかの目が出れば起きたことになる。これは,AとBを合併した集合と一致している。これは,集合の記号では,$A \cup B$で表される。

$A \cup B = \{1, 2, 3, 4, 6\}$

次に「AかつB」という事象を作ろう。「AかつB」という事象が起きる,ということは,Aも起きてBも起きる,ということである。これはAとBの共通の標本点に世界が決定されたことを意味している。Aが事象「偶数」で,Bが事象「4以下」の場合は,共通の標本点は,2と4である。これは,集合の記法では,$A \cap B$と記される。

$A \cap B = \{2, 4\}$

この「かつ」という計算は,直積試行を扱っているときには,とりわけ重要な役割を果たす。そのことを理解するために,再度,コイン2回投げの確率モデルを例にとろう。

この確率モデルでは,事象「1回目に表」を事象Aと記すと,

$A = \{(H, T), (H, H)\}$

である。また,事象「2回目に表」を事象Bと記すと,

$B = \{(T, H), (H, H)\}$

である。したがって,「1回目に表,かつ,2回目に表」を表す$A \cap B$は,AとBの共通部分を取り出すことによって,

$A \cap B = \{(H, H)\}$

となる。これはまさに,「1回目に表が出て,2回目に表が

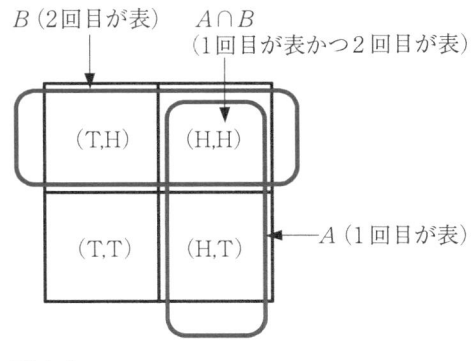

第4章 確率モデルはこう記述する

図中ラベル:
- B（2回目が表）
- $A \cap B$（1回目が表かつ2回目が表）
- (T,H) (H,H)
- (T,T) (H,T)
- A（1回目が表）

図 4-4

出る」を意味する標本点そのものとなっている。このことは，図4-4を見ればよく理解できるだろう。ちなみに，このイメージになじむことは本書では今後重要になる。

　最後は，「Aでない」という事象を定義しよう。この事象は，Aが起きないときに起きたことになる。例えば，Aを事象「偶数」とすれば，事象「Aでない」は，偶数でない目が出ること，つまり，奇数の目が出ることを意味する事象である。したがって，事象「Aでない」を構成する標本点は，1，3，5である。これは，集合の記法ではA^cと記され，Aの「補集合」と呼ばれる。

$$A^c = \{1, 3, 5\}$$

以上をまとめると，次のような対応関係が得られる。

（事象の結びつき）		（集合の計算）
または	⇔	合併
かつ	⇔	共通部分
でない	⇔	補集合

　人によっては，このような集合の記号で記述されると，わかりにくくなると言うだろう。しかし，確率の理論を展開する際に，集合の記号を使わずに言葉だけで記述していくと，文章が入り組んでしまい，理解するのに手間がかかることが多くなる。場合によっては何を意味しているのか全くつかめなくなる可能性さえ出てくる。最初は面倒に思えても，集合の記法に慣れるのは，最終的には効率的である。

確率法則は面積図で理解せよ

　事象に計算をほどこしたとき，新たにできた事象の確率がどうなるかを表すのが確率法則というものである。重要な確率法則は次である。

確率の加法法則

事象 A と事象 B に共通の標本点がないとき，事象「A または B」の確率は，A の確率と B の確率の和となる。すなわち，

$A \cap B = \phi$ のとき，$p(A \cup B) = p(A) + p(B)$

　この法則は，図4-5の面積図を眺めれば説明するまでもないだろう。

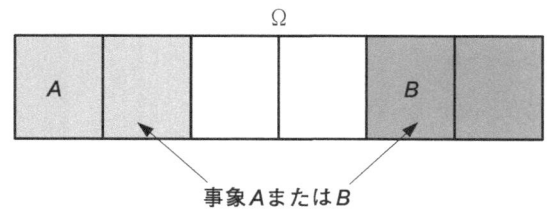

第4章 確率モデルはこう記述する

Ω

事象AまたはB
(「AまたはB」の面積) = (Aの面積) + (Bの面積)

図 4-5

ちなみに，これは事象が何個になっても，有限個であれば成り立つ。すなわち，事象 $A, B, \cdots, C$ がどの2つにも共通の標本点がないとき，

$$p(A \cup B \cup \cdots \cup C) = p(A) + p(B) + \cdots + p(C)$$

が成り立つ。実は，この性質を無限個の事象に拡張することが確率理論の大事なテーマとなる（可算加法性と呼ぶ）。それについては，あとの章で解説する。

この「確率の加法法則」を利用すれば，次の法則も簡単に導かれる。すなわち，

$$p(A \text{でない}) = p(A^c) = 1 - p(A)$$

なぜなら，A と A^c には共通の標本点がないから，「確率の加法法則」から，

$$p(A) + p(A^c) = p(\Omega) = 1$$

したがって，

$$p(A^c) = 1 - p(A)$$

となる。これは，図4-6で見れば明らかであろう。

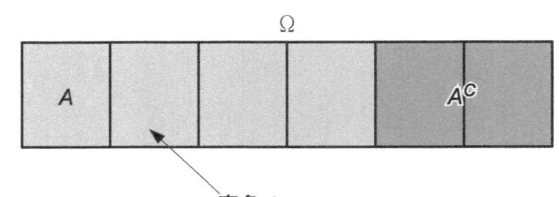

$$\Omega$$

| A | | | | | A^C | |

事象 A

(Aの面積) + (A^Cの面積) = (全体の面積1)
(A^Cの面積) = 1 − (Aの面積)

図 4-6

さらに一般的な法則として,次も重要である.

確率の不等式

一般の事象 A と B に対して,

$p(A \cup B) \leq p(A) + p(B)$

これは,事象「A または B」の確率は A の確率と B の確率の和以下である,という法則だ.先ほど,A と B に共通の標本点がない場合は等号が成り立つことを説明したが,一般には不等式になるのである.このことは,図4-7から明らかであろう.

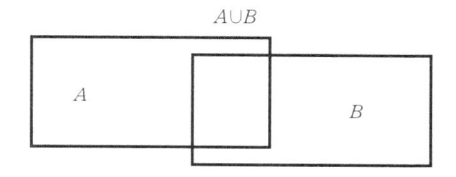

$A \cup B$の面積（$=p(A \cup B)$）は重なりの分だけ、
Aの面積（$=p(A)$）とBの面積（$=p(B)$）の合計より小さくなる。

図 4-7

　以上によって，事象の間に計算が可能になった。その上，事象に計算をほどこして作られた事象の確率が，元の事象たちの確率とどういう関係にあるか，も法則として得られた。重要なのは，結局，「確率は面積と同じ」と理解することから，これらが簡単に得られることである。これらの法則によって，確率モデルは数学的に操作可能なものとなるのである。

　ちなみに，コルモゴロフは，以上の法則の中で，特に，
　　（ⅰ）$0 \leq p(A) \leq 1$
　　（ⅱ）$p(\Omega) = 1$, $p(\phi) = 0$
　　（ⅲ）$A \cap B = \phi$ならば$p(A \cup B) = p(A) + p(B)$
の3つを，「確率の公理」と呼んだ。

　確率はこの3条件を満たすならば，何でもよいのである。

第5章

コイン投げで大数の法則

> 頻度論的確率の立場からは、コイン N 回投げにおいて「半分がHになる」ということを主張したいわけである。(本文より)

🎲 コイン投げで大数の法則

　第2章で,「確率をどういうものと考えるか」について,いくつかの立場を紹介した。その中の一つが頻度論的確率だ。頻度論的確率というのは,「たくさんの試行の頻度として実現される数値を確率だと考えよう」というものだ。コイン投げの例で言えば,「コインを多数回投げて,そのうち表の出た頻度を,次の1回で表の出る確率と考える」ということである。「次の1回の確率」という観測できないものが,実体として現れる現象を「大数の法則」としよう,ということである。

　第4章で,コイン投げの確率は根元事象 {H}(表が出るという事象),根元事象 {T}(裏が出るという事象)について,
　　　$p(\{H\}) = 0.5, \ p(\{T\}) = 0.5$ 　…①
と設定した。これは,コインの図形的な形状(対称性)からこのように設定するのが自然だからそうしたのである。つまり,これは数学的確率の考え方に立脚している確率の割り振

りと言える。頻度論的確率の立場からは,この数学的確率をどうにか多数の試行の頻度と結びつけたい,そういうテーマが生まれる。それは,「たくさんの回数投げれば,そのうちの半分はHが出る」ということを証明することである。もちろん,これを現実の頻度と結びつけるわけにはいかない。例えば1億回のコイン投げを常時行うことは現実的に無茶だ。他方,膨大ではない回数のコイン投げだと,Hの出る回数は偶然の揺らぎにかなり左右されるので,頻度が0.5からけっこう離れる「まぐれ」が起こりうる。したがって,数学的確率と頻度論的確率とを結びつけるのは,あくまで数学の内部で,形式論理的に行わなければならない。それは,大きな数Nに関するコインN回投げの確率モデルΩ_Nにおいて,Hの頻度を「確率的に」計算することである(表5-1)。

×	現実的な実験による検証→実際に膨大な回数コインを投げる
○	数学的な検証→十分大きいNに関するコインN回投げの確率モデルΩ_Nでの確率計算

表5-1 頻度論的確率の検証

🎲 コイン投げで表裏がおおよそ半々になる理由

大数の法則を厳密に数学的に証明する前に,「コイン投げでは表裏がおおよそ半々になる」ということの理由をおおざっぱに説明しておこう。

まず,第1章で導入した樹形図をもう一度ここに出しておく。

図 5-1

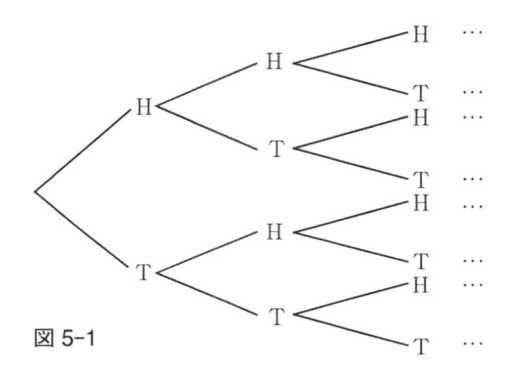

コイン投げでは,この2つ2つと分岐する樹形図のどれか1つの経路がコイン投げの結果だと見なす。ここで,どの経路も同じ確からしさで実現すると設定するのがコイン投げモデル Ω_N であった。

Hの回数	0	1	2	3	4	5	6	7	8	9	10
経路の数	1	10	45	120	210	252	210	120	45	10	1

表 5-2 コイン 10 回投げの経路

表5-2に,コイン10回投げにおいて「Hの回数」を与えたとき,ちょうどそのHの回数をもつ経路の総数を列挙してある。例えば,Hが0回の経路(ずっとTをたどる経路)は1通りしかなく,Hが1回の経路は,何回目にHを通るかの違いで10通りある,という具合である。

眺めるだけでわかるように,Hの個数が全体の半分(5回)に近づくごとに経路数は急激に多くなっていき,5回となる経路が最も数が多い。どの経路も同じ確からしさで実現

すると仮定しているので，Hが5回近辺となる経路数が圧倒的に多いことから，Hが約5回となる確率が非常に大きいことを意味する。つまり，「コイン投げでは表裏がおおよそ半分ずつになる」ということである。

では，なぜ，Hが5回の経路が最も多くなるのだろうか。次のように考えるとある程度は納得できるだろう。すなわち，Hが0回の経路は1つしかない。図5-1で一番下の枝をたどっていく経路である。Hが1回の経路はその10倍になる。なぜなら，今の経路のどこかで1回Hを選んでいいから，どこでHを通るかが10通りあるからだ。Hが2回だったらどうだろうか。Hが1回の経路に比べて，Hが2回の経路はもっと多くなるはずだ。なぜなら，Hが1回の経路は9個のTを通っている。そのTを通っている9個のどこかでもう1回Hを通っていいから，その分経路の数は増える。実際には経路数は$\frac{9}{2}$倍となり（重複があるので2で割る），$10 \times \frac{9}{2} = 45$が「Hが2回の経路」の総数となる。このような経路数の増加はHの回数が5になるまでは続く。Hの回数が5を超えると経路数が減っていく理由は，逆にTの回数が0から同じ議論を繰り返せばわかる。

以上のような理由で，Hの回数が半分に近づくにしたがって，経路数はどんどん増えていき，Hの回数がちょうど半分の経路数が最も多いことがわかる。

このことを直観的に理解するなら，「乱雑になるほど，数が多くなる」と見なすことができるだろう。「Tだけを通る経路」は，完全に規則的な経路で，それは1通りしかない。しかし，「Hが1回の経路」は，Hというノイズがどこで起

きてもいいから，その分乱雑になり，経路数は増える。そして，「HとTが半々の経路」が最も乱雑さがあり，経路数が最大になる，という次第である。

🎲 大数の法則は2種類ある

　前節では，「コイン投げでは表裏が半分に近い経路がすごく多い」ということの直観的な理解を与えた。しかし，この方法では，表裏が半々近くなる経路が「どの程度，たくさんあるか」という問いには答えることができない。これに目安を与えることができるのが，「大数の法則」なのである。

　実は，「大数の法則」は，2種類ある。1つは「大数の弱法則」と呼ばれるもので，もう1つは「大数の強法則」と呼ばれるものである。2つの違いをコイン投げの例で言えば，次のようになる。

「大数の弱法則」では，コイン N 回投げにおいて，任意の正数 ε を与えられたとき，表の頻度が $\frac{1}{2}$ より ε 以上離れる確率を，N と ε で計算される式によって評価する。そして，N が大きくなると，その確率が ε の大きさにかかわらず，0に近づくことを主張する。

　他方，「大数の強法則」では，コイン無限回投げを考える。無限回投げたときの表の頻度というものを極限を使って定義し，頻度が $\frac{1}{2}$ でない確率が0である，という強烈な結論を導くのである。

　本書では，コイン投げモデルにおいて，弱法則にも強法則にも証明を与えるが，この章では，弱法則についての証明を次節から解説していく。

🎲 コイン N 回投げの確率モデル

大数の法則をちゃんとした式で表現するためには，コイン N 回投げの確率モデルをきちんと設定しておく必要がある。そこで，第 4 章で設定したコイン 2 回投げの確率モデルを，コイン N 回投げの確率モデルに拡張しよう。

コイン 1 回投げの確率モデルの標本点の集合は，

$\Omega_1 = \{T, H\}$

であり，根元事象 $\{H\}$ と $\{T\}$ に，確率 0.5 を割り振った。また，コイン 2 回投げの確率モデルの標本点の集合は，

$\Omega_2 = \{(T, T), (T, H), (H, T), (H, H)\}$

のように，2 次元の座標の形式で書かれていた（71 ページ）。そして，4 つの根元事象

$\{(T, T)\}, \{(T, H)\}, \{(H, T)\}, \{(H, H)\}$

に，等確率，すなわち，確率 $\frac{1}{4}$ が割り振られた。同様にして，コイン 3 回投げの確率モデルは，標本点の集合が，

$\Omega_3 = \{(T, T, T),(T, T, H),(T, H, T),(T, H, H),$
$\qquad (H, T, T),(H, T, H),(H, H, T),(H, H, H)\}$

という 8 個からなるように設定される。それぞれの標本点 1 つを事象に仕立てた根元事象の確率は $\frac{1}{8}$ である。

同様にして，コイン N 回投げの確率モデルの標本点も，N 次元の座標に H, T を並べたものとなっている。きちんと記述すると，次のようになる。

$\Omega_N = \{(\omega_1, \omega_2, \cdots, \omega_N) の集合\}$

（ただし，各 ω_i は H または T）

ここで，Ω_N の標本点を抽象的に ω という記号で記すことに

する（ωはオメガと読む，Ωの小文字）。すなわち，

$$\omega = (\omega_1, \omega_2, \cdots, \omega_N) \quad (各\omega_i は H または T)$$

と書く。これらのコイン投げの確率モデルの標本点たちは，図 5-2 のように樹形図で順々に作っていくことができる。そして，Ω_1 は Ω_2 の部分集合（$\Omega_1 \subseteq \Omega_2$）で，$\Omega_2$ は Ω_3 の部分集合（$\Omega_2 \subseteq \Omega_3$）で，…と連鎖的に理解することができる。例えば，$\Omega_2$ の (T, T) は Ω_3 の $\{(T, T, T), (T, T, H)\}$ と同一視すればよい。

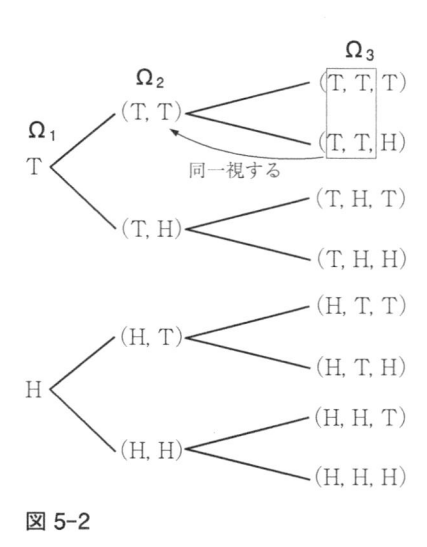

図 5-2

確率モデル Ω_N の根元事象は各標本点 ω に対する $\{\omega\}$ である。そして、確率は、すべての根元事象が等確率になるように割り振られる。例えば、コイン3回投げの確率モデル Ω_3 の場合は、8個の根元事象 $\{\omega\}$ たちにすべて同じ確率を割り振るので、どの確率も $\frac{1}{8}$ となる。この割り振り方は、コイン1回投げやコイン2回投げの確率モデルとも整合的だ。例えば、Ω_3 における「1回目が表」という事象の確率は、

$p(\text{「1回目が表」})$
$= p(\{(H, T, T), (H, T, H), (H, H, T), (H, H, H)\})$
$= \frac{1}{8} \times 4 = \frac{1}{2}$

となり、Ω_1 における事象 $\{H\}$ の確率 $p(\{H\})$ と一致する。

また、「1回目が裏で、2回目が表」という事象の確率は、
$p(\text{「1回目が裏で、2回目が表」}) = p(\{(T, H, T), (T, H, H)\})$
$$= \frac{1}{8} \times 2 = \frac{1}{4}$$

となって、Ω_2 における事象「1回目が裏で、2回目が表」$= \{(T, H)\}$ の確率 $p(\{(T, H)\})$ と一致している。

コイン N 回投げの確率モデル Ω_N では、根元事象は 2^N 個あり、それらが等確率になるように確率を割り振るので、各根元事象の確率は $\frac{1}{2^N}$ である。

🎲 大数の弱法則・コイン投げバージョン

コイン N 回投げの確率モデルが定義できたので、それを使って、大数の弱法則のコイン投げバージョンをきちんと数式にしてみよう。

頻度論的確率の立場からは，コイン N 回投げにおいて「半分が H になる」ということを主張したいわけである。もちろん，回数 N が奇数であれば，原理的に「半分が H になる」は不可能だし，偶数であっても「ちょうど半分が H」は確率的に著しく小さい。したがって，「半分近くが表になる」と修正するのが自然である。問題は，この「近く」というのをどう規定したらよいか，ということだ。

　それを規定するために，次のような設定を行う。すなわち，まず，非常に小さい正数 ε を任意に選んで固定しておこう。ε は，例えば，小数点以下 9 ケタまで 0 が続いて，10 ケタ目に初めて 1 になるような小さい数（10^{-10} と記す）のことである。

　その上で，コイン N 回投げの確率モデル Ω_N において，次のような事象 E を考える。

$$E = 「\text{H の頻度と} \frac{1}{2} \text{との差が } \varepsilon \text{ 以上}」$$

この事象 E を集合の記法で表せば，

$$E = \left\{ \left| \frac{\omega \text{の中の H の個数}}{N} - \frac{1}{2} \right| \geq \varepsilon \text{ となる } \omega \right\}$$

となる（ちなみに，$|x|$ は絶対値と呼ばれる記号で，x が 0 以上なら x を，x が負のときには $(-x)$ を与える関数である。例えば $|-3|=3$）。このような表現は，慣れないと事象には見えないであろうから，具体例で感触を身につけることとしよう。

　例えば，今，$N=3$（コイン 3 回投げ）として，$\varepsilon=0.4$ と設定しよう。このとき，ω として考えるのは，

(T, T, T),(T, T, H),(T, H, T),(T, H, H),

(H, T, T),(H, T, H),(H, H, T),(H, H, H)

の8個の標本点である。

この中からωとして,例えば,(T, T, H)を選んでみる。このとき,3個の座標のうちHは1個だから,Hの頻度は$\frac{1}{3}$となる。式では,

$$\frac{\omega \text{の中のHの個数}}{N} = \frac{1}{3}$$

ここで,

$$\left| \frac{\omega \text{の中のHの個数}}{N} - \frac{1}{2} \right| = \left| \frac{1}{3} - \frac{1}{2} \right| = \frac{1}{6} < 0.4 (= \varepsilon)$$

であるから,この標本点ωは事象Eには含まれない。

他方,$\omega = $ (H, H, H) とすると,Hが3個だからHの頻度は1となる。式では,

$$\frac{\omega \text{の中のHの個数}}{N} = \frac{3}{3} = 1$$

ここで,

$$\left| \frac{\omega \text{の中のHの個数}}{N} - \frac{1}{2} \right| = \left| 1 - \frac{1}{2} \right| = \frac{1}{2} \geq 0.4 (= \varepsilon)$$

であるから,この標本点ωはEに含まれる。このようにして,8個の標本点それぞれについてチェックしていけば,(T, T, T)と(H, H, H)とだけが事象Eの条件にあてはまり,他の6個はあてはまらないことがわかる。したがって,

事象 $E = \{$(T, T, T),(H, H, H)$\}$

となる。

さて,以上のように定義した事象Eに対して,その確率

$p(E)$ を考える。このとき,次が成り立つ,というのが,大数の弱法則である。

> **大数の弱法則**
>
> どんな正数 ε を与えられても,投げる回数 N を十分大きくすれば,$p(E)$ はいくらでも 0 に近くなる。極限の記号を使って書くなら,
>
> $$\lim_{N \to \infty} p(E) = 0$$
>
> である。

最後の数式は,「N を ∞ に近づけていくときに,$p(E)$ は一定の値に近づいていき,その値は 0 である」,ということを意味している。lim は「極限 (limit)」を意味する記号である(極限については第 7 章で詳しく解説する)。

🎲 イメージを補強する例え話

この大数の弱法則は,最初のうちはピンとこないと思うので,イメージ的な例え話で補強しておこう。

あなたは今,「大数の弱法則など信じない」という懐疑論者と出会ったとする。あなたは,この懐疑論者を論破するために,次のようなゲームを提案する。

「懐疑論者さんは,先手として,好きなだけ小さな正数(これが ε にあたる)を言ってください。そしたら,後手の私は,コインを投げる回数(これが N にあたる)を提案します。次に,先手の懐疑論者さんが,私の指定した回数コインを投げ,表の出た比率を報告します。このゲームの勝敗は次のように決めます。すなわち,懐疑論者さんが報告したその

比率と 0.5 との差が，懐疑論者さんの選んだ数以上になっていたら，懐疑論者さんの勝ちです。逆に，懐疑論者さんの選んだ数より小さければ，私の勝ちとしましょう。懐疑論者さんは，どんなに小さい正数を指定してもいいわけですから，思いっきりいじわるな小さい数を指定できます。にもかかわらず，コイン投げで表の出た比率と 0.5 との差が，その正数より小さければ，私が勝つことになるので，そうしたら大数の弱法則の威力を信じてくださいね」

このゲームにおいて，懐疑論者は，自分が勝つために，相当にいじわるな数（きわめて小さい正数）を提案するだろう。にもかかわらず，あなたは，その正数に対応して投げる回数を決めれば，自分の負ける確率をいくらでも 0 に近づけることができるのである。実際，「あなたが負ける」という出来事は，先ほど述べた「大数の弱法則における事象 E」と同じことである。したがって，懐疑論者が正数 ε を指定したときのあなたが負ける確率は $p(E)$ である。大数の法則が成り立つならば，あなたが負ける確率 $p(E)$ が望むだけ 0 に近いような回数 N を見つけることができる。実際，おおざっぱではあるが，与えられた ε に対して，望むだけ $p(E)$ が小さくなるような N の大きさを具体的に知ることもできる。

もちろん，あくまで確率にすぎないから，「絶対負けない」わけではない。奇跡が起きて，あなたが負けるということも原理的にはありうる。確率的な現象を扱っているのだからそれは避けられない。しかし，今のようなゲームをするなら，天文学的な奇跡が起きない限り，あなたは負けないのである。これが大数の弱法則をゲーム化した理解だ。

🎲 証明のアイデアは？

それでは、この大数の弱法則はどうやって証明するのであろうか。

まず、アイデアだけをざっくりと述べてしまおう。詳しい証明自体は、次の節から順を追って説明する。

証明のアイデアは、確率$p(E)$より大きいNの式で、$N \to \infty$とすると0に収束するものを発見することである。その式が0に近づいていくことから、その式より小さい$p(E)$も当然、0に近づいていかなければならないのである。

その式は、「チェビシェフの不等式」という有名不等式である。チェビシェフとは、19世紀に活躍したロシアの数学者の名前である。それは次の不等式となる。

チェビシェフの不等式

事象$E = \left\{ \left| \dfrac{\omega \text{ の中の H の個数}}{N} - \dfrac{1}{2} \right| \geq \varepsilon \text{ となる } \omega \right\}$に対して、不等式、

$$p(E) \leq \dfrac{1}{4} \times \dfrac{1}{\varepsilon^2} \times \dfrac{1}{N}$$

が成り立つ。

この不等式を認めれば、大数の弱法則はあっという間に証明できる。εを固定している下では、Nを大きくしていけば、逆数$\dfrac{1}{N}$はいくらでも0に近くなるので、不等式の右辺はいくらでも0に近づいていく。したがって、$N \to \infty$のときの確率$p(E)$の極限値も0でなければならない。

感触を得るために、チェビシェフの不等式が成り立つこと

を簡単な場合で確かめてみよう。前々節で, $N=3$, $\varepsilon=0.4$ のケースを具体的に調べたので, これをあてはめてみる。不等式の右辺は,

$$\frac{1}{4}\times\frac{1}{\varepsilon^2}\times\frac{1}{N}=\frac{1}{4}\times\frac{1}{0.4^2}\times\frac{1}{3}=\frac{25}{48}=0.5208\cdots$$

であるから, チェビシェフの不等式は,

$p(E)\leq 0.5208\cdots$

を意味することになる。この場合の事象 E は,

$E=\{(T, T, T), (H, H, H)\}$

であったことを思い出そう。したがって, $p(E)=\frac{2}{8}=0.25$ である。すると, 不等式はたしかに成り立っている。

チェビシェフの不等式は, $p(E)$ の極限が 0 であることを教えてくれるばかりではなく, $p(E)$ のおおざっぱな評価も与えてくれる。それは, 前節で与えたゲームにおいて, あなたが負ける確率をおおざっぱに評価してくれることにもなる。すなわち, 懐疑論者に ε が指定されたとき, N を指定したあなたがゲームに負ける確率は, $\frac{1}{4}\times\frac{1}{\varepsilon^2}\times\frac{1}{N}$ 以下なのである。

以上で大数の弱法則は, チェビシェフの不等式に帰着することとなった。要するに, チェビシェフの不等式が証明できれば, 大数の弱法則は証明できたことになる。以下, チェビシェフの不等式を証明していくが, けっこう込み入った作業になる。あとの章にはあまり影響は出ないので, 面倒と感じる読者は飛ばしてもかまわない。

🎲 チェビシェフの不等式証明のポイント

まず、証明の最も重要なポイントだけを押さえておこう。説明の便宜として、コイン投げの確率モデルの標本点たちに対して、Hを1にTを0に置き換えよう（あとの章でも、ときどきこの書き換えは利用される）。すると、図5-3が得られる。

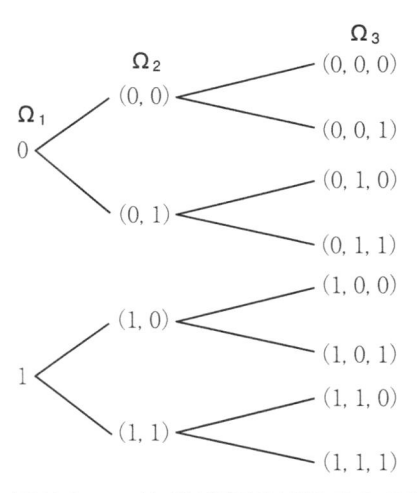

```
                    Ω₂              Ω₃
                                  (0, 0, 0)
                   (0, 0)
         Ω₁                       (0, 0, 1)
         0
                                  (0, 1, 0)
                   (0, 1)
                                  (0, 1, 1)

                                  (1, 0, 0)
                   (1, 0)
                                  (1, 0, 1)
         1
                                  (1, 1, 0)
                   (1, 1)
                                  (1, 1, 1)
```

図5-3　コイン投げ確率モデルの1, 0表記

各ωについてこの作業をほどこすと、次のような1, 0からなる座標が定義される。

$(\omega_1, \omega_2, \cdots, \omega_N) \to (x_1, x_2, \cdots, x_N)$

（ただし、$\omega_i = H$ なら $x_i = 1$、$\omega_i = T$ なら $x_i = 0$）

この図の表記しておいて、各座標の数値（1または0）を

合計してNで割れば,「Hの頻度」となる。すなわち,

$$\text{Hの頻度} = \frac{x_1 + x_2 + \cdots + x_N}{N}$$

次に各座標のすべての数値から$\frac{1}{2}$を引き算して,各座標においてその数値の合計を作る。

$$\left(x_1 - \frac{1}{2}\right) + \left(x_2 - \frac{1}{2}\right) + \cdots + \left(x_N - \frac{1}{2}\right) \quad \cdots ②$$

この②式は,次のように,チェビシェフの不等式とかかわる。すなわち,②式をNで割ると,

$$\frac{②}{N} = \frac{x_1 + x_2 + \cdots + x_N}{N} - \frac{1}{2} = (\text{Hの頻度}) - \frac{1}{2}$$

$$= \frac{\omega\text{の中のHの個数}}{N} - \frac{1}{2}$$

だから,チェビシェフの不等式は,

$$\text{事象} E = \left\{ \left| \frac{②}{N} \right| \geqq \varepsilon \text{となる} \omega \right\} \text{に対して,}$$

$$p(E) \leqq \frac{1}{4} \times \frac{1}{\varepsilon^2} \times \frac{1}{N}$$

と書き換えられる。したがって,これを証明するには,$\left|\frac{②}{N}\right| \geqq \varepsilon$を満たす$\omega$の個数(この個数を$K$と書こう)を数えて,それを$2^N$で割れば,確率$p(E)$が算出できる。したがって,そのような$\omega$の個数をざっくり見積もるのが標的となる。

さて絶対値については,2乗すると消える,すなわち,$|x|^2 = x^2$であることに注意すれば,

$$\left|\frac{②}{N}\right| \geqq \varepsilon \text{と} \left(\frac{②}{N}\right)^2 \geqq \varepsilon^2 \text{は同値}$$

とわかる。したがって,チェビシェフの不等式を証明するには,

「$\left(\dfrac{②}{N}\right)^2 \geqq \varepsilon^2$ を満たす ω の個数」$= K$

を分析すればいい。すべての ω について,$\left(\dfrac{②}{N}\right)^2$ の値をそれぞれ計算しそれを合計してみよう。ε^2 以上のものがちょうど K 個としているのだから,

$\left(\dfrac{②}{N}\right)^2$ の合計 $\geqq K\varepsilon^2$

が明らかに成り立つ。左辺を変形すれば,これは,

$\dfrac{②^2 の合計}{N^2} \geqq K \times \varepsilon^2$

となる。したがって,「②^2 の合計」が分かれば,K を見積もることが可能になる。実は,次の式が成り立つ(証明はあとまわし)。

②^2 の合計 $= \dfrac{1}{4} \times N \times 2^N$ …③

これを前提として,上の不等式の左辺に代入すれば,

$\dfrac{②^2 の合計}{N^2} = \dfrac{1}{4} \times N \times 2^N \div N^2$

$= \dfrac{1}{4} \times \dfrac{1}{N} \times 2^N$

が得られる。したがって,上の不等式は,

$\dfrac{1}{4} \times \dfrac{1}{N} \times 2^N \geqq K \times \varepsilon^2$

となるので，両辺を 2^N と ε^2 とで割り算すれば，

$$\frac{1}{4} \times \frac{1}{N} \times \frac{1}{\varepsilon^2} \geq \frac{K}{2^N}$$

と書き換えられる。右辺は，「事象 E を満たす標本点 ω の個数 K」を「標本点の総数 2^N」で割ったものだから，確率 $p(E)$ である。これはまさに，チェビシェフの不等式に他ならない。残された課題は等式③の証明だけになった。この証明はテクニカルなので，章末の補足としておく。大数の弱法則のポイントとなるのはチェビシェフの不等式であり，チェビシェフの不等式の本質部分については以上で説明が済んでいるので，テクニカルなところに興味がない人は，補足をスルーして，次の章に進んでも差し支えない。

🎲 アバウトな表現をなくすには？

以上で，大数の弱法則が証明された。これは，「すごくたくさんの回数，コインを投げれば，表が出た頻度が 0.5 からわずかにしかずれない確率は，ほぼ 1 に近い」ということを意味する数学法則（定理）である。これによって，「コイン 1 回投げで表が出る確率は 0.5 である」とすることのある種の正当化が得られたわけだ。

しかし，この法則には多少の不満が残る。それは，言説の中に「すごくたくさん」，「わずかに」，「ほぼ」という曖昧表現が 3 つも混入していることである。できれば，このような曖昧表現（概数的な表現）を除去したいものである。それを実現するのが「大数の強法則」なのである。

しかし，「大数の強法則」を説明するには，高度な数学の

準備が必要となる．それは，無限の試行を扱うための無限集合論の準備である．それを次章で準備することとしよう．

補足 等式③の証明

図 5-3 では,次の変数変換を行った。

$(\omega_1, \omega_2, \cdots, \omega_N) \to (x_1, x_2, \cdots, x_N)$

(ただし,$\omega_i = H$ なら $x_i = 1$,$\omega_i = T$ なら $x_i = 0$)

さらに各座標のすべての数値から $\frac{1}{2}$ を引き算して,それらの数値の合計②式を作った。

$$(x_1, x_2, \cdots, x_N) \to \left(x_1 - \frac{1}{2}, x_2 - \frac{1}{2}, \cdots, x_N - \frac{1}{2}\right)$$

$$\to \left(x_1 - \frac{1}{2}\right) + \left(x_2 - \frac{1}{2}\right) + \cdots + \left(x_N - \frac{1}{2}\right) \quad \cdots ②$$

そうすると,図 5-3 で 0 と記されているところは $-\frac{1}{2}$ に,1 と記されているところは $\frac{1}{2}$ に変わる。それが,図 5-4 である。

さて,このような各座標についての②²の合計はどうなるか。

$N=1$ のとき,②²の合計 $= \left(\frac{1}{2}\right)^2 + \left(-\frac{1}{2}\right)^2 = \frac{1}{2}$

$N=2$ のとき,②²の合計 $= (-1)^2 + 0^2 + 0^2 + 1^2 = 2$

$N=3$ のとき,②²の合計 $= \left(-\frac{3}{2}\right)^2 + \left(-\frac{1}{2}\right)^2 + \cdots$
$+ \left(\frac{1}{2}\right)^2 + \left(\frac{3}{2}\right)^2 = 6$

実は,ここには簡単な規則性がある。この計算は必ず,

Ω_1, Ω_2, Ω_3

$(-\frac{1}{2}, -\frac{1}{2}, -\frac{1}{2}) \to -\frac{3}{2}$
$(-\frac{1}{2}, -\frac{1}{2}) \to -1$
$(-\frac{1}{2}, -\frac{1}{2}, \frac{1}{2}) \to -\frac{1}{2}$

$-\frac{1}{2}$

$(-\frac{1}{2}, \frac{1}{2}, -\frac{1}{2}) \to -\frac{1}{2}$
$(-\frac{1}{2}, \frac{1}{2}) \to 0$
$(-\frac{1}{2}, \frac{1}{2}, \frac{1}{2}) \to \frac{1}{2}$

$(\frac{1}{2}, -\frac{1}{2}, -\frac{1}{2}) \to -\frac{1}{2}$
$(\frac{1}{2}, -\frac{1}{2}) \to 0$
$(\frac{1}{2}, -\frac{1}{2}, \frac{1}{2}) \to \frac{1}{2}$

$\frac{1}{2}$

$(\frac{1}{2}, \frac{1}{2}, -\frac{1}{2}) \to \frac{1}{2}$
$(\frac{1}{2}, \frac{1}{2}) \to 1$
$(\frac{1}{2}, \frac{1}{2}, \frac{1}{2}) \to \frac{3}{2}$

②²の合計 $\frac{1}{2}$ ⇒ 2 ⇒ 6

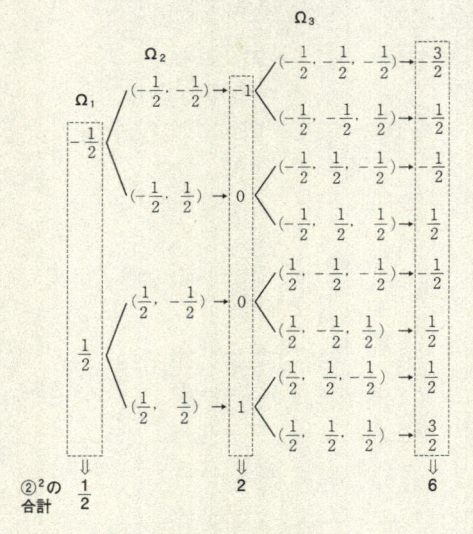

図 5-4 1, 0 表記を $\frac{1}{2}$ ずらして合計する

$$②^2 \text{の合計} = \frac{1}{4} \times N \times 2^N \quad \cdots ③$$

となるのである。実際,

$N=1$ のとき, $\frac{1}{4} \times 1 \times 2^1 = \frac{1}{2}$

$N=2$ のとき, $\frac{1}{4} \times 2 \times 2^2 = 2$

$N=3$ のとき，$\dfrac{1}{4} \times 3 \times 2^3 = 6$

となって，たしかに一致している。

これが必ず成り立つことは，積み上げ式の証明法（数学的帰納法という証明法）によって示すことができる。実際，$N=2$ について成り立っていることから，$N=3$ で成り立つことがわかる。なぜなら，図5-4において，$N=2$ から $N=3$ への枝分かれの一番上の段を見てみよう。

$N=3$ の段の最初の2つの②^{2}を足し算してみると，

$$\left(-\dfrac{1}{2}-\dfrac{1}{2}-\dfrac{1}{2}\right)^2 + \left(-\dfrac{1}{2}-\dfrac{1}{2}+\dfrac{1}{2}\right)^2$$

$$= 2\left(-\dfrac{1}{2}-\dfrac{1}{2}\right)^2 + 2 \times \dfrac{1}{4}$$

となる。これは，展開公式 $(a-b)^2 + (a+b)^2 = 2a^2 + 2b^2$ において，$a = -\dfrac{1}{2}-\dfrac{1}{2}$，$b = \dfrac{1}{2}$ と置けば得られる。最後の式の前の項は，注目している $N=2$ の最上段に現れる②^{2}の2倍であることに注意しよう。この性質はどの段でも成り立っている。したがって，$N=3$ の8個の②^{2}の合計には，$N=2$ の項について4個の②^{2}の合計の2倍が現れた上で，$\dfrac{1}{4}$ の8倍が加えられることになる。したがって，$N=3$ に対する②^{2}の合計の計算は次のようになる。

$(N=3 \text{ の②}^2\text{の合計}) = 2 \times (N=2 \text{ の②}^2\text{の合計})$
$\qquad\qquad\qquad\qquad\qquad + 2^3 \times \dfrac{1}{4}$

この計算はどの N でも成り立つから,一般には,

$$(N+1 \text{ の②}^2\text{の合計}) = 2 \times (N \text{ の項の②}^2\text{の合計})$$
$$+ 2^{N+1} \times \frac{1}{4}$$

となる。ここで,もしも,ある自然数 N に対して,

$$(N \text{ の項の②}^2\text{の合計}) = \frac{1}{4} \times N \times 2^N$$

が成り立っていたとすれば,上の式から,$N+1$ に対しても

$$(N+1 \text{ の②}^2\text{の合計}) = 2 \times \frac{1}{4} \times N \times 2^N + 2^{N+1} \times \frac{1}{4}$$

$$= 2^{N+1} \times \frac{1}{4} \times N + 2^{N+1} \times \frac{1}{4}$$

$$= 2^{N+1} \times \frac{1}{4} \times (N+1)$$

となって成り立つことがわかる。この積み上げの仕組みによって,$N=1$ で正しいことから $N=2$ で正しいことがわかり,$N=2$ で正しいことから $N=3$ で正しいことがわかり,という連鎖が起こり,すべての N で正しいことがわかる。

第6章

無限回コインを投げる

このように、無限集合論を使うと、
無限回の試行を含んだ確率モデルを
扱うことが容易になる。(本文より)

🎲 大数の強法則が待望される

　第5章では，大数の弱法則のコイン投げバージョンを紹介し，厳密な証明まで与えた。その法則とは，「すごくたくさんの回数，コインを投げれば，表が出た頻度が0.5からわずかにしかずれない確率は，ほぼ1に近い」というもので，言説の中に「すごくたくさん」，「わずかに」，「ほぼ」という，日常的に見ればいいかげんな（とはいえ，数学的にはきちんと定義できる）評価が入っており，そういう意味では不満が残るものだった。

　私たちが頻度論的確率の立場から欲しい言説は，「コインを投げると，ちょうどその半分の比率が表になる」という端的な表現である。このことを実現するのが，「大数の強法則」なのだ。

　ただし，この強法則を表現するには，これまでの確率モデルではダメなのである。それを実行するには，「無限個の標本点を持った世界」に降り立たなければならない。つまり，

「無限」という魔物の力を借りなければならないのである。そのために本章で,「無限個の標本点を持った」確率モデルを準備することとしよう。

🎲 実在する無限

「無限個の標本点を持った」確率モデルを説明する前に,無限集合の理論について簡単に触れておきたい。

数学者や哲学者は,古くから「無限」というものに関心を持っていた。しかし,古典的な意味での「無限」は,「実在するもの」ではなく,「可能なもの」と理解されていた。自然数は無限に存在する。そのことを想像することは「可能」である。しかし,自然数すべてを数え上げることは人間にはできない。つまり,「無限」とは,人間にとって「可能なもの」ではあるが「実在するもの」ではない,古代ギリシャの哲学者アリストテレスはこのように考えた。このことに立脚して,中世の学者たちは「無限」を「神」と重ね合わせ,「無限」を神聖なものと見なしていた。

このような捉え方から脱却したのは,19世紀のことである。カントールとデデキントという2人のドイツの数学者が協力して,「実在する無限」を作り上げたのである。そのために彼らは,集合という概念を生み出した。集合とは,事物を集めてそれを一つの数学的対象として扱うことである。

集合という数学的対象を認めるなら,「すべての自然数を集めた集合」というものが実在的な概念となる。自然数は無限個あるのだから,この集合は「無限」が実在化したものと言うことができる。

第6章　無限回コインを投げる

　カントールとデデキントは，集合の間に演算や大小関係を定義することによって，「無限」同士を比較したり，足したり掛けたりすることを可能とした（拙著［11］を参照のこと）。足したり掛けたりできるのは実在するからである。

　自然数の作る無限を「可算無限」という。そして，可算無限個の要素からなる集合，別の言葉で言えば，自然数と一対一対応を作ることのできる集合のことを「可算集合」と呼ぶ。可算集合はいろいろある。例えば，「正の偶数の集合」，

　　2, 4, 6, 8, …

は，1番目，2番目，3番目，…と，自然数の番号をつけて漏れなく並べることができるので，可算無限個の要素を持っており，可算集合である。正の有理数（正の分数）の集合も可算集合である。分母と分子を足して2になる分数を順番に並べ，次に，分母と分子を足して3になる分数を順番に並べとやっていけば，自然数と同じように並べることができる（自然数と一対一対応を作ることができる）からだ。この可算無限が，確率論では本質的な役割を果たす。

　無限集合には，可算集合でない無限集合も存在する。実数の集合がそうである。さらに，無限集合には無限の種類があることもわかっている（前掲の［11］を参照のこと）。

　無限集合の理論によって，数学は飛躍的な進歩を遂げることになった。代数学も幾何学も解析学（これは微分・積分を扱う分野）も，これまでには定義できなかった新しい異空間を作りだし，その異空間で数学を展開することが可能になったからである。確率の理論（これは解析学に属する）はその代表的なものである。

他方で，無限集合の理論は，素朴な扱いをすると深刻な矛盾を孕むことが露呈した。このことはカントールを苦しめ，重い精神病に追い詰めた。その後，ヒルベルトをはじめとする多くの数学者の努力によって，集合の理論の矛盾は解決され，数学者たちは安心してこの理論を使えるようになったのである。

🎲 無限ルーレットモデル

それでは，無限個の標本点を持つ確率モデルを説明することとしよう。

目標になるのは，コイン無限回投げの確率モデルだが，その前にもう少しわかりやすい確率モデルを1つ紹介する。

まず，考える世界 Ω は0以上1以下の数の集合である。これは数学記号で $[0, 1]$ と記す。すなわち，

$\Omega = [0, 1]$

Ω を確率現象の源とするということは，要するに，「0以上1以下の数のどれかがランダムに対等に選ばれる」，という不確実現象を扱うことに対応する。卑近な例でいえば，「0以上1以下の数を乱数として発生させる」ということである。そういう意味では，1, 2, 3, 4, 5, 6 の6個の数の中からランダムに1個の数値が出現するサイコロ投げを，無限個の数バージョンに変えたものと思えばいい。あるいは，ルーレットのほうが適切な例えになるかもしれない。つまり，ルーレットの円周上に「0以上1以下の数」すべてがぐるっと記されていて，円周上に投げた球がその中の1個の数に落ち，その数が選ばれる，というイメージである。以降，これ

第6章　無限回コインを投げる

を「無限ルーレットモデル」と呼ぶことにしよう。

無限ルーレットモデルがこれまでの有限モデルと異なるのは、集合 [0, 1] に属する標本点 x を集合に仕立てた $\{x\}$ を根元事象とはしない、という点だ。根元事象とは、事象に確率を導入する際に基礎とする事象であったことを思いだそう。根元事象としない理由は以下である。

もしも、これら一個一個を根元事象としてしまうと、それらの確率を0に設定しなければならず、困ったことになるのだ。例えば、集合 [0, 1] は全事象だから、正規化ルールによって確率1を割り振る。しかし、この事象 [0, 1] は、無限個の標本点 x から構成されている。もしも、事象 $\{x\}$ それぞれに同一の正の確率を割り振ると、それら無限個の事象の確率を足すと無限大になってしまってまずい。だから、これらの確率を0にしなければならない。しかし、これらに確率0を割り振ると、さまざまな事象、例えば事象 [0, 0.3] などにどのように確率を割り振るべきかが定義できなくなる。それは0の無限個の和となるからだ。したがって、$\{x\}$ というタイプの事象は、確率設定の基礎には適しないのである。

そこで、無限ルーレットモデル Ω の根元事象は、次のように設定される。

まず、Ω と空事象 ϕ は根元事象としておく。そして、$0 < t \leq 1$ を満たす任意の数 t に対して、「0より大きく t 以下の数集合」を根元事象とするのである。これを記号で $(0, t]$ と記す。

$$(0, t] = \{0 < x \leq t を満たす x\}$$

つまり、$(0, 0.3]$, $(0, 0.57]$, $\left(0, \dfrac{2}{3}\right]$, $(0, \sqrt{2} - 1]$, $(0, 1]$

などが根元事象となる。簡単に言うと、数直線上の0から始まる「区間」が根元事象である。

　一般の事象は、これらの根元事象たちに「または」「かつ」「でない」という計算をほどこして作り出した集合とする（73ページ参照）。きちんと言うと、事象は次のように定義される。

(1) 根元事象は事象である。
(2) $E_1, E_2, E_3, \cdots$ が事象ならば、これらを「または」で結んでできる、
$E_1 \cup E_2 \cup E_3 \cup \cdots$ は事象である。
(3) $E_1, E_2, E_3, \cdots$ が事象ならば、これらを「かつ」で結んでできる、
$E_1 \cap E_2 \cap E_3 \cap \cdots$ は事象である。
(4) E が事象であれば、「E でない」を意味する E^c も事象である。

この際に重要なのは、(2)で可算無限個の合併を認め、(3)で可算無限個の共通部分を認めるという点である（可算無限については、105ページ）。無限ルーレットモデルが第5章までで使っていた確率モデルと決定的に異なるのは、可算無限個の集合を使った計算を導入した、という点なのだ。たいしたことのない変更に思えるかもしれないが、ここが確率の理論を成功に導いた最も大きな秘訣となったのである。これに気がついたのは、コルモゴロフという数学者だが、すべてを理解してみると、「すごいことを考えるなあ」と感心してしまうだろう。可算無限の計算を導入することの最も大きな効能は、事象に「極限操作」を行えるようになることである

第6章　無限回コインを投げる

（あとの章でわかる）。

　無限ルーレットモデルに慣れるために，いくつか事象の例を作ってみよう（図 6-1）。

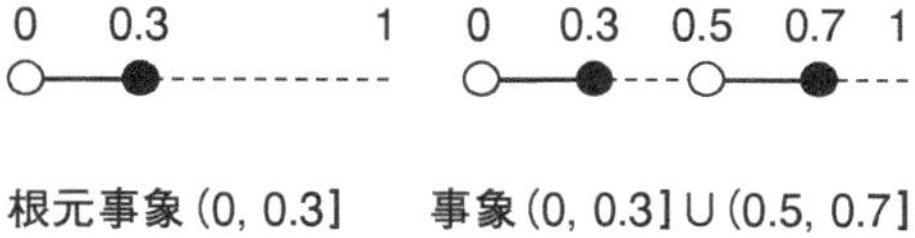

根元事象 (0, 0.3]　　　**事象 (0, 0.3] ∪ (0.5, 0.7]**

図 6-1

　例えば，区間 (0, 0.3] は根元事象だから事象の一つである。そして，事象 (0, 0.3] の補集合である，$(0, 0.3]^c =$ (0.3, 1]，も事象となる。同様に考えれば，$0<t<1$ となる任意の t に対し，$(t, 1]$ はすべて事象だとわかる。したがって，(0, 0.7] ∩ (0.5, 1] = (0.5, 0.7] も事象である。そうすると，(0, 0.3] ∪ (0.5, 0.7] も事象である。

　もっと不思議な事象を構成してみよう。1 に近づいていく，0.9, 0.99, 0.999, … という数列を使って，

$$(0.9, 1] \cap (0.99, 1] \cap (0.999, 1] \cap \cdots$$

という無限個の事象たちの共通部分（「かつ」で結んだ集合）を作ってみる。これは数 1 だけからなる集合 {1} となる。なぜなら，0.9, 0.99, 0.999, … は 1 に近づいていく数列だから，これらのすべての事象に共通に含まれる数は 1 だけだからである。このように $\{x\}$ というタイプの集合は，ちゃんと事象になる。このモデルでは，可算無限回の計算が許されるので，私たちが想像できるような集合はたいてい作り出

すことができる。

🎲 無限ルーレットに確率を設定する

$\Omega = [0, 1]$ に対して，(1)〜(4)を満たす事象の全体を，$\mathcal{F}$ と記す（$\mathcal{F}$ はドイツ文字のF。確率を割り振ることのできる事象の族に対して，一般にこの記号を使う慣習がある）。

$\mathcal{F}$ に属する事象には，次のように確率を導入する。

まず，根元事象 $E = (0, t]$ に対しては，$p(E) = t$ と設定する。これは非常に自然な設定である。例えば，根元事象 $(0, 0.3]$ を考えよう。これは，$0 < x \leq 0.3$ を意味する区間である。根元事象 $(0, 0.3]$ が起きる，ということは，ルーレットが $0 < x \leq 0.3$ を満たす数 x のうちのどれかを選び出す，ということである（ルーレットの球が x のところに落ちるということ）。$(0, 0.3]$ は $[0, 1]$ のうちの30パーセントの長さを占めているので，素直に考えれば，この区間の数が選び出される確率は 0.3 であろう。つまり，$p((0, 0.3]) = 0.3$ と設定するのは自然なことと言えよう（図6-2）。

次に，$\mathcal{F}$ に属する事象に設定される確率 p は次の性質が要請される。

(1) $p(\Omega) = 1$，$p(\phi) = 0$
(2) 根元事象 $E = (0, t]$ に対しては，
　　$p(E) = p((0, t]) = t$

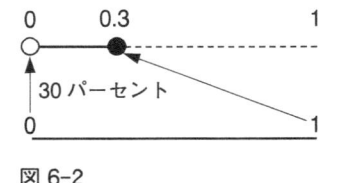

図6-2

(3) E を任意の事象とするとき，「E が起きない」を表す事象 E^c に関して，

$p(E^c) = 1 - p(E)$

(4) $E_1, E_2, E_3, \cdots$ が，どの2つも共通する標本点を持たない事象（すなわち，異なる i, j に対し $E_i \cap E_j = \phi$ ということ）ならば，これらを「または」で結んでできる事象 $E_1 \cup E_2 \cup E_3 \cup \cdots$ の確率に関して，以下が成り立つ。

$p(E_1 \cup E_2 \cup E_3 \cup \cdots) = p(E_1) + p(E_2) + p(E_3) + \cdots$

　(1)(2)では，根元事象について自然な確率が割り振られる。(3)は有限モデルと同じである。したがって，(4)が無限モデル特有の性質である。これは，標本点を共有しない事象たちを「または」で結んでできる事象に対しては，その確率は個々の事象の確率の和となる，という性質を意味している。これは有限モデルにおける「確率の加法法則」（76ページ）を可算無限個の事象に対しても成り立つようにする，ということだ。この性質は「可算加法性」と呼ばれる。もちろん，事象の集合 $\mathcal{F}$ に対してこの(1)(2)(3)(4)を満たす確率 $p(E)$ が都合良く存在するのか，ということが数学的には大問題になる。それは次節で解説しよう。

　事象の集合 $\mathcal{F}$ に設定されたこの確率 p をおおざっぱにイメージ化すると（図6-3），区間 $[0, 1]$ 上にいくつか（無限個でもよい）重なりなく存在する区間の列があり，それを合併したものが事象 E である場合には，$p(E)$ はこれらの区間の長さの総和になる，という感じである。

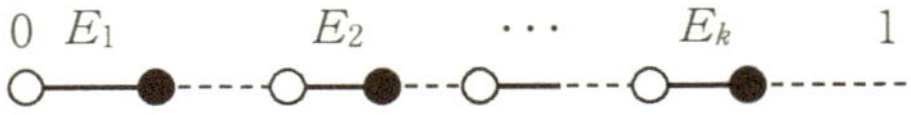

```
0  E₁        E₂     ···      Eₖ         1
─○──●──┄──○──●──┄──○──●──┄──○──●──┄┄┄
```
事象 $E = E_1 \cup E_2 \cup \cdots \cup E_k \cup \cdots$
確率 $p(E) = (E_1の長さ) + (E_2の長さ) + \cdots$
          $+ (E_kの長さ) + \cdots$

図 6-3

 図を区間でなく,70ページのような長方形で描けば,確率 $p(E)$ は面積和となる。

🎲 測度論という発見

 前節では,確率の満たすべき4つの性質(1)(2)(3)(4)を与えた。特に(4)は無限版の「コルモゴロフの確率の公理」と呼ばれるものである。そして,この性質を満たす確率 $p(E)$ というものが本当に存在するのか,という疑問も提示した。これが実際に存在することは,測度論という数学理論によって保証されたのである。測度論は,非常に難解な理論であるため,ここで詳しく説明はしないが,簡単な要約を付けておくことにしよう(初心者向けの詳しい解説は拙著[20])。

 測度論のテーマは,

 ＊抽象的な集合に面積を定義すること
 ＊その面積を基礎にして,その抽象的な集合上の関数に積分計算を定義すること
 ＊その積分は,無限回の操作に関して良い性質を持つことであった。これは,20世紀フランスの数学者ルベーグによって成し遂げられた。ルベーグ以前には,図形の面積は,ユークリッド空間(直線や平面や3次元空間など)に対してだ

け，積分によって定義されていた。それはリーマン積分と呼ばれるもので，現在は高校2年生が教わっている。それに対してルベーグは，面積の定義と積分計算とを分離する工夫をした。抽象的な空間における集合 E に対して，面積にあたるものを定義し，それを $\mu(E)$ と記し，「E の測度」と名付けた（μ はギリシャ文字で，ミューと読む）。測度 $\mu(E)$ には，次の性質が要請される。

* $E_1, E_2, E_3, \cdots$ が，どの2つも共通する要素を持たない集合（すなわち，異なる i, j に対し $E_i \cap E_j = \phi$ ということ）ならば，

  $\mu(E_1 \cup E_2 \cup E_3 \cup \cdots) = \mu(E_1) + \mu(E_2) + \mu(E_3) + \cdots$

これは，「図形を重なりのない可算無限個の図形に分割した場合，それらの図形の面積の合計は元の図形の面積と等しい」ということを述べている。図形の分割で面積の和が保存されることは，有限個の分割については常識的だが，それを可算無限個に拡張したところが斬新だったのである。この性質を眺めると，測度論はそのまま確率に応用できることに気がつくだろう。第4章で解説したように，確率というのは面積と全く同じ性質を持った量だからである。ちなみに，測度を用いたルベーグ積分のほうは，第9章で解説する期待値に応用されるのだが，本書ではこれ以上，深入りしない。

🎲 コイン無限回投げモデル

無限ルーレットモデルで無限個の標本点を持つ確率モデルを理解できたと思うので，満を持して，コイン無限回投げモデルの解説に入ろう。

設定自体は簡単である。コイン N 回投げの確率モデルは、標本点の集合として、

　　$\Omega_N = \{(\omega_1, \omega_2, \cdots, \omega_N)$ の集合$\}$
　　(ただし、各 ω_i は H または T)

を使った（85ページ）。これは H または T の文字 N 個で作った座標の集合であった。これを無限個の座標にした標本点の集合を Ω_∞ と記すことにしよう。

　　$\Omega_\infty = \{(\omega_1, \omega_2, \cdots, \omega_k, \cdots)$ の集合$\}$
　　(ただし、各 ω_i は H または T)

Ω_N のときと同じように、各 $(\omega_1, \omega_2, \cdots, \omega_k, \cdots)$ を抽象的に ω という記号で表すことにする。$\omega = (\omega_1, \omega_2, \cdots, \omega_k, \cdots)$ が1つ選ばれると、それはコイン投げの結果が、

　　　1回目は ω_1, 2回目は ω_2, $\cdots$, k 回目が ω_k, $\cdots$

と、無限の先まで出る面が決まっていることを表している。第1章の図1-4で与えた樹形図の経路の中の1つ、あるいは、無限に記号 H, T の書かれた巻物のイメージを思い出せばよい。

　ポイントは、Ω_∞ が標本点を無限個持っていることである。したがって、標本点 ω 1つからなる事象 $\{\omega\}$ は、根元事象には適しない。理由は無限ルーレットのときと同じである。それゆえ、コイン無限回投げモデル Ω_∞ の根元事象は次のものに定める。

　　$W_1 = \{\omega_1 = H$ であるような $\omega\}$
　　$W_2 = \{\omega_2 = H$ であるような $\omega\}$
　　　$\vdots$
　　$W_k = \{\omega_k = H$ であるような $\omega\}$

⋮

ここで,根元事象 W_1 は,「1回目がHである」ようなωをすべて集めたものである。つまり,2回目以降はHとTがどのように出現してもかまわないが,ともかく,1回目はHであるようなωの全体なのである。この根元事象 W_1 は,(H, T, T, T, …)やら(H, H, H, H, …)やら(H, T, H, T, …)やらの無限個の標本点から構成されている。あるいは,最初がTであるωをすべて取り除いている,と言っても同じである。同様にして,根元事象 W_k は,k回目がHであるすべてのωを集めた集合になる。

これらを根元事象と決めてしまえば,一般の事象の定義の仕方は,無限ルーレットと同じである。すなわち,以下のように定義される。

(1) 根元事象は事象である。
(2) $E_1, E_2, E_3, \cdots$ が事象ならば,これらを「または」で結んでできる $E_1 \cup E_2 \cup E_3 \cup \cdots$ も事象である。
(3) $E_1, E_2, E_3, \cdots$ が事象ならば,これらを「かつ」で結んでできる $E_1 \cap E_2 \cap E_3 \cap \cdots$ も事象である。
(4) E が事象であれば,「E でない」を意味する E^c も事象である。

これから,例えば,「1回目がT」は事象である。なぜなら,この事象は「1回目がHでない」にあたり,W_1^c がそれを意味する事象だからだ。同様に,「k回目がT」も W_k^c と記すことができることから事象となる。

そうすると,「1回目がHかつ2回目がT」は,$W_1 \cap W_2^c$ で表される事象になる。このようにしていけば,コイン k 回

投げΩ_kにおける事象はすべて，Ω_∞の一部分だと見なすことができる（$\Omega_k \subseteq \Omega_\infty$と見なせるということ）。

ちなみに，全事象Ω_∞も空事象ϕも，（わざわざ根元事象と決めなくても）事象となる。

$\Omega_\infty = W_1 \cup W_1^c$であり，$\phi = W_1 \cap W_1^c$だからである。

🎲 コイン無限回投げの確率は？

コイン無限回投げモデルに対しても，無限ルーレット同様に，確率$p(E)$を定義して，次の性質を満たすようにできる。

(1) $p(\Omega_\infty) = 1, p(\phi) = 0$
(2) 根元事象W_k（k回目がH）に対しては，$p(W_k) = \dfrac{1}{2}$となる。また，Ω_kに属する事象と見なせるΩ_∞の事象Eについては，その確率$p(E)$はΩ_kでの確率と一致する。
(3) Eを任意の事象とするとき，「Eが起きない」を表す事象E^cに関して，

$p(E^c) = 1 - p(E)$

(4) $E_1, E_2, E_3, \cdots$が，どの2つも共通する標本点を持たない事象（異なるi, jに対し$E_i \cap E_j = \phi$ということ）ならば，これらを「または」で結んでできる事象$E_1 \cup E_2 \cup E_3 \cup \cdots$に関して，以下が成り立つ。

$p(E_1 \cup E_2 \cup E_3 \cup \cdots) = p(E_1) + p(E_2) + p(E_3) + \cdots$

Ω_∞の事象Eへの確率$p(E)$の割り振り方で，上記の4つの性質を満たすものが存在することは，やはり，測度論によって保証されているから，ここでは存在するものとして話を進める。有限回のコイン投げΩ_Nと同一視できる事象については，(2)によって，第4章，第5章で説明したΩ_Nの確率で代

用できるから，新たに考える必要はない。大事なのは，ωの全座標に関与する（無限個のH，Tについて規定された）事象についても確率を割り当てることができる，という点である。

例えば，「いつかはHが出る」という事象を考えてみよう。

これは有限のkに対するΩ_kでは扱うことのできない事象だ。なぜなら，kを限定してしまうと，「$(k+1)$回目がH」ということをΩ_kでは表しようがないからである。

それに対して，Ω_∞では「いつかはHが出る」という事象は，次のように記述することができる。すなわち，

「いつかはHが出る」=「1回目がH」または「2回目がH」
またはは「3回目がH」または…

である。つまり，

「いつかはHが出る」=$W_1 \cup W_2 \cup W_3 \cup \cdots$

となって，ちゃんと事象となっている。

🎲 コイン無限回投げをイメージ化しよう

コイン無限回投げモデルΩ_∞を図でイメージするには，第4章の図4-3で紹介した方法を拡張すればよい。ここでは，直列型のほうを使うことにしよう。

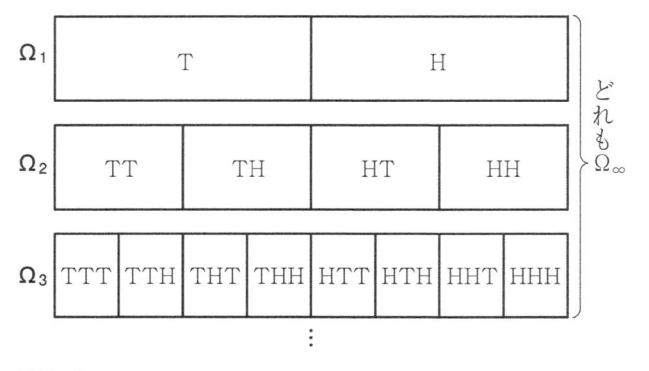

```
Ω₁  |      T      |        H        |
Ω₂  |  TT  |  TH  |  HT  |  HH  |
Ω₃  |TTT|TTH|THT|THH|HTT|HTH|HHT|HHH|
```
（どれもΩ∞）

図 6-4

　この図の見方を説明する。まず，全体を表す長方形はどれもコイン無限回投げ Ω_∞ を表している。1番目の図は，標本点 $\omega = (\omega_1, \omega_2, \cdots, \omega_k, \cdots)$ の冒頭の ω_1 だけで分類してある。つまり，左半分には，(T, $\omega_2, \cdots, \omega_k, \cdots$) というタイプの標本点が集まり，右半分には (H, $\omega_2, \cdots, \omega_k, \cdots$) というタイプの標本点が集まっているということ。

　2番目の図は，1番目の図の2つの長方形をさらにそれぞれ2つに分類してある。すなわち，2番目の ω_2 の結果まで表示しているのである。一番左の長方形は，ω_2 がTの標本点，すなわち，(T, T, $\cdots, \omega_k, \cdots$) という標本点が集まっている。そして，2番目の長方形は，(T, H, $\cdots, \omega_k, \cdots$) という標本点の集まりとなっている。以下同様である。

　このように，長方形の分割を続けていって，無限の先まで細分していったところに Ω_∞ が垣間見えると考えればいい。ちなみに，この長方形分割の図を，第1章の図1-4の樹形図

と比べれば、同じものだとわかるだろう。2つ2つと分岐する様子を描いているからである。

この図において、確率は長方形の面積にあたる、と理解できる。例えば、事象「1回目はH」は、1番目の図の右半分だから、面積である2分の1がこの事象の確率と一致している。「1回目がTで2回目がH」は2番目の図の左から2つ目の長方形にあたるから、その面積4分の1であり、ちゃんとその事象の確率と一致している。

無限ルーレットとコイン無限回投げは同じ

この章の最後の話題として、一つの驚くべき事実を読者に提示しよう。実は、この章の前半で紹介した無限ルーレットの確率モデルと、後半で解説したコイン無限回投げの確率モデルは、うまい対応を作ることで、同一のモデルだと見なすことができるのである（今後使うことはないので飛ばしても差し支えない）。

それは以下のようなことを意味する。

まず、コイン無限回投げΩ_∞の標本点ωを1個選ぶと、それに対応する無限ルーレットモデルの$\Omega = [0, 1]$（これは0以上1以下の数の集合だった）の標本点を定めることができる。

この対応は、Ω_∞の根元事象とΩの根元事象との対応を実現する。さらには、Ω_∞の事象に割り当てられた確率は、その事象Eに対応するΩの事象Eに割り当てられた確率と一致するのである。

つまり、無限ルーレットΩとコイン無限回投げΩ_∞は、数

学的には同一のものを，別の姿として捉えているにすぎない，ということなのだ。

このことが理解できると，無限ルーレットモデル Ω の世界でわかりにくいことは，コイン無限回投げ Ω_∞ に移して考えることができるし，逆に，コイン無限回投げ Ω_∞ の世界でわかりにくいことは，無限ルーレットモデル Ω の世界に移して考えることができるようになる。

この対応を与えるために，例で考えよう。コイン無限回投げ Ω_∞ の標本点 ω の例を1つ特定する。

$$\omega = (T, H, T, H, T, H, \cdots)$$

という標本点を選ぶ。これは，「偶数回目が H で奇数回目が T を表す標本点である。これを無限ルーレットの標本点（0以上1以下の数）に対応させる。それには，前節で説明したイメージ図を使うのがいい。

図6-5を眺めながら，読んでほしい。

ω を対応させる $[0, 1]$ における数を x としよう。x を数直線上の1点に追い詰める（特定する）作業を行う。

まず，ω が Ω_1 長方形の左半分にあることから，x は $[0, 1]$ の左半分 $\left[0, \dfrac{1}{2}\right]$ にあると決める。次に，ω が Ω_2 長方形の左から2番目にあることから，x は $[0, 1]$ を4等分した2番目 $\left[\dfrac{1}{4}, \dfrac{1}{2}\right]$ にあると決める。その次は，ω が Ω_3 長方形の左から3番目にあることから，x は $[0, 1]$ を8等分した3番目 $\left[\dfrac{1}{4}, \dfrac{3}{8}\right]$ にあると決める。

以下同様の作業をしていくと，ω が Ω_∞ の狭い場所に特定されていくのに対応して，x も $\Omega = [0, 1]$ の狭い区間に特定されていく。無限の彼方では，ω が Ω_∞ の1点と特定され，x

第6章 無限回コインを投げる

も1つの数と確定する。このように，Ω_∞の標本点と$\Omega =$ [0, 1] の数に対応が作られるのである。この作業は，2進法を使うと簡単に記述できる。すなわち，

$\omega = $ (T, H, T, H, T, H, $\cdots$) → 2進数 0.010101 $\cdots$

$$\to 10\text{進数 } x = \frac{1}{4} + \frac{1}{16} + \frac{1}{64} + \cdots$$

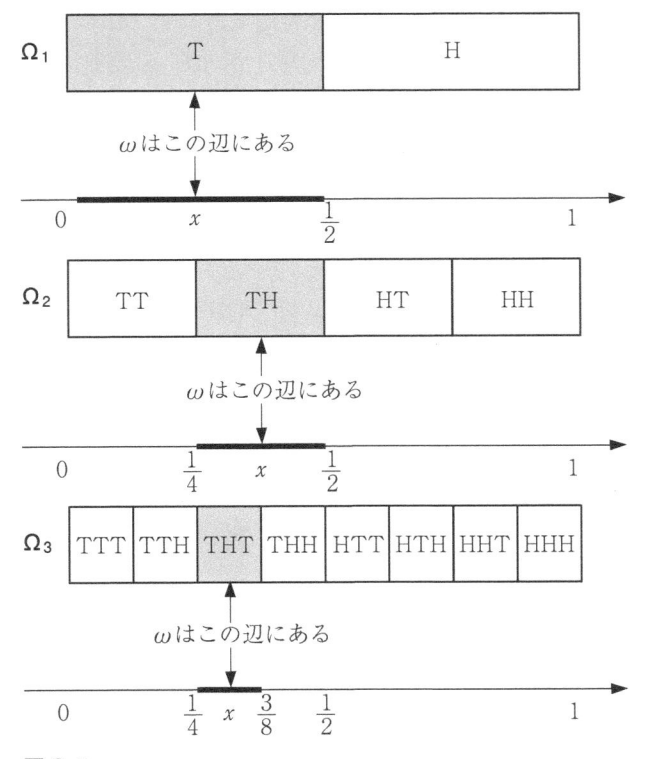

図 6-5

という対応関係である（ただし，この説明には少し，不十分な点がある。途中から全部がHであるような標本点の対応については慎重に考えなければならない，という点である。しかし，この問題は結局は回避できるし，たいして重要なことではないので，ここではあえて問題としない。気になる人は例えば拙著［11］などを参照のこと）。

この無限回コイン投げの標本点と無限ルーレットの標本点との対応は，確率についても整合的である。

例えば，Ω_∞ の事象「1回目がTかつ2回目がH」を構成する標本点たちを，すべて $\Omega = [0, 1]$ の標本点たちに対応させると，対応する標本点の集合は事象 $\left[\frac{1}{4}, \frac{1}{2}\right]$ となる（図6-5の Ω_2 の長方形における対応）。そして，事象「1回目がTかつ2回目がH」の Ω_∞ における確率も，事象 $\left[\frac{1}{4}, \frac{1}{2}\right]$ の $\Omega = [0, 1]$ における確率も，どちらも $\frac{1}{4}$ で一致している。このような確率の一致は，どんな事象についても成立する。

🎲 無限と確率の相性はいい

以上で，無限ルーレットモデルとコイン無限回投げモデルの解説は終わる。このように，無限集合論を使うと，無限回の試行を含んだ確率モデルを扱うことが容易になる。現実には，人間は無限回の試行ということを実行することはできないが，確率という抽象的な概念を扱うには，無限は実に操作性のいい世界となることがわかっている。

このことは，数学全体についても言えることだ。無限は思弁的な存在であるが，それゆえに，数学という超越的で抽象

的な世界を表現するには，非常に都合のいい存在なのである。数学は無限を手なずけることで，さまざまな思弁を実体化させることに成功したのだ。

第7章

極限計算を制覇する

> ここでは、「無限個の記号が並ぶ中で、その半分がHで、残りの半分がT」ということをどうやって数学的に表現すべきかを述べよう。要するに、「無限個の半分って何？」ということを明確にする。（本文より）

🎲 大数の強法則に必要なこと

　第5章で大数の弱法則の内容と証明を紹介した。これはみごとな定理ではあるが、頻度論的確率の直観を与えるという役割としては、少々物足りないものであった。それは、言説の中に、「すごくたくさん」、「わずかに」、「ほぼ」など概数的な表現が入っていて迂遠な観を否めない点だった。

　頻度論的確率の直観というのは、「コイン投げ1回の確率は2分の1」の意味を、「たくさんの回数コインを投げると、表が出る頻度はちょうど2分の1」に求めたい。しかし、弱法則では、「ほぼ2分の1の頻度」という表現にしかならなかった。それは、弱法則が有限モデルの範囲内で考えるから仕方のないことである。

　「ほぼ」という言葉を「ちょうど」に変えるためには、無限モデルが必要になる。コイン無限回投げの確率モデルを舞台にすれば、「コインを無限回投げると、表が出る頻度はちょうど2分の1」という表現が可能となる。その無限モデル

Ω_∞の形式は、第6章で与えた。Ω_∞によって、「コインを無限回投げる」という現象が記述できるようになったのである。

すると、次に必要になるのは、コインを無限回投げる、という状況における「表の出る頻度はちょうど2分の1」ということの表現方法だ。「無限の回数のちょうど半分」をどう定義したらいいだろうか。無限の半分は無限ではないのか。

そう、そのまま素朴に定義するとうまくいかないのだ。そこで、「極限」という概念を使う。極限というのは、「近づいていって、無限の彼方で一致する」ということを表す数学概念である。極限は高校数学で教わるものだが、無限個の標本点を持つ確率モデルを操作するには、高校数学での極限概念では十分でなく、大学数学での極限概念（上極限、下極限）までにも足を伸ばすことが必要になる。そこで、この章では、大数の強法則に必要となる極限概念の解説を行う。

🎲 大数の強法則のイメージ化

大数の強法則は、コイン無限回投げモデルΩ_∞における定理である。したがって、私たちの眼前には、無限個の帰結を持つ標本点

$$\omega = (\omega_1, \omega_2, \cdots, \omega_k, \cdots)$$

がある。各座標のω_kは、H（表のこと）、T（裏のこと）のどちらかである。このとき、無限個のH、Tが並ぶ中で、その半分がHで、残りの半分がT、ということを主張するのが、大数の強法則だ。もちろん、こういう表現は語弊がある。ωの中には、全部がHというのもあるし、全部がTと

いうのだってある。これらのωでは，HとTは半々ではない。このようなωは，それぞれ1つずつしかないが，例えば，「全体の3分の1がH」というωなら無限個存在している。だから，「すべての標本点ωにおいて，HとTは半々」という言明は正しくない。導けるのは，「HとTが半々でない標本点ωは無限にあるが，その集合は標本点全体の中で無視できるほど小さい」という性質である。ここで，標本点の集合に対して，「無視できるほど小さい」ということを，何らかの尺度で表現しなければならない。ここに確率という「ものさし」を導入する必然性が再び生まれてくる。大数の強法則は，「HとTが半々でない標本点ωの集合Nの確率はゼロである」ということを主張する定理なのである。言い換えると，「Hの頻度が2分の1でないような出来事は確率0だから，起きないと考えていい」，ということだ。

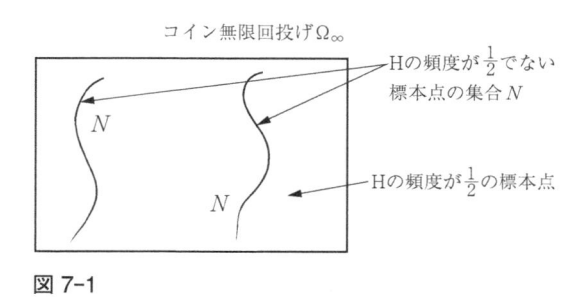

図 7-1

図 7-1 は，筆者が大数の強法則に抱いている図形イメージである（単なる個人的なイメージ，根拠はない）。コイン無限回投げの標本点の集合を平面として描くとすると，その中

の何筋かの曲線上の点たちだけが「Hの頻度が $\frac{1}{2}$ でない標本点」であり，残りの広大な平面の点では，すべて「Hの頻度が $\frac{1}{2}$」となっている，という感じだ。このイメージなら，「コインを無限回投げると，Hの頻度がちょうど $\frac{1}{2}$ となる」と言い切っていい，と感じられるだろう。Nは面積をもたない曲線だから，平面に向かってダーツの矢を投げると，Nに刺さる確率は0なのである。

🎲 頻度を極限で定義する

　大数の強法則の証明は次章で与えることとし，ここでは，「無限個の記号が並ぶ中で，その半分がHで，残りの半分がT」ということをどうやって数学的に表現すべきかを述べよう。要するに，「無限個の半分って何？」ということを明確にする。

　例えば，

$$\omega = (T, H, T, H, T, H, \cdots) \quad \cdots ①$$

という標本点を考えよう。これは，裏，表，裏，表，……と交互に異なる面が出ることを表している。眺めていると，「交互なのだから」という理由で，直観的には「Hの頻度が半分」と考えたくなる。しかし，それはあまりにアバウトすぎる。例えば，冒頭だけをHに変えた標本点はどうだろうか？

$$\omega = (H, H, T, H, T, H, \cdots) \quad \cdots ②$$

こうなると，「半分でよい」ような「半分じゃない」ような，と迷いが生じるに違いない。

　したがって，ωに対する「Hの頻度」を測るには，きちん

とした数学的な定義をするべきだ。それには次のようにする。

ω を見るのを n 番目の座標までで止めて、そこまでの H の頻度を h_n と記し、数列 $\{h_n\}$ を作ろう。つまり、

$$h_n = \frac{\omega_1, \omega_2, \cdots, \omega_n \text{の中のHの個数}}{n}$$

ということだ。①の ω について数列 $\{h_n\}$ を求めてみる。

$\omega_1 = \text{T}, \omega_2 = \text{H}, \omega_3 = \text{T}, \omega_4 = \text{H}, \omega_5 = \text{T}, \omega_6 = \text{H}, \cdots$

だから、

$$\text{数列}\{h_n\}: h_1 = \frac{0}{1} = 0, h_2 = \frac{1}{2}, h_3 = \frac{1}{3}, h_4 = \frac{2}{4} = \frac{1}{2},$$

$$h_5 = \frac{2}{5}, h_6 = \frac{3}{6} = \frac{1}{2}, \cdots$$

となっている。n が偶数のときは h_n はいつも $\frac{1}{2}$ となっているが、n が奇数のときは毎回違う数値になる。数列を無限の彼方まで計算した上で、h_n の無限の彼方での値をして、「ω における H の頻度」と考えるのが妥当だろう。それでは、まちまちな値をとる h_n について「無限の彼方での h_n の値」とは何だろうか？

「数列 a_n が一定の値 α に近づく」ということを取り決めるとき重要なのは、数列の最初のほうの有限個の項は無視していいということだ。最初のほうの有限個の項がいくら α から遠い値でも、「数列が α に近づく」かどうかには無関係だ。注目すべきなのは、「先の方の番号」、つまり、問題になるのは「番号 k 以上のすべての n に対する a_n の値」なのである。

理解を助けるために、逆に、「数列 a_n が α には近づかな

い」という状況をイメージすることとしよう。例えば，a_n が α から 0.1 以上離れる番号 n を「レベル 0.1 の裏切り番号」と呼ぶことにしよう。「レベル 0.1 の裏切り番号」がいつまでもいつまでも現れる，すなわち，無限個存在するなら，「数列 a_n が α には近づかない」と言える。裏切り者たちはいつまでたっても，α と一定以上の距離を置き続けているからだ。これを裏返しにすれば，「数列 a_n が一定の値 α に近づく」ということは，「どんな正数 ε に対しても，レベル ε の裏切り番号は有限個しかなく，途中で消えてなくなる」ということだと言える。したがって，次のように定義すればいいとわかる。

数列の極限の定義

「数列 a_n が極限値 α を持つ」とは，どんな正数 ε をとっても，十分大きい番号 n すべてに対して，
$$\alpha - \varepsilon < a_n < \alpha + \varepsilon,$$
を満たすこと。

別の表現で言い換えると，「どんなレベル ε に対しても，裏切りものは有限個の番号で消え去る」ということである。

前述の h_n は，$\alpha = \frac{1}{2}$ に対してこの性質を満たす。実際，偶数番 n については，$h_n = \alpha$ になっているから問題ない。一方，奇数番 n のときは，

$$h_n = \frac{\omega_1,\ \omega_2,\ \cdots,\ \omega_n \text{の中のHの個数}}{n} = \frac{(n-1) \div 2}{n}$$

となっている。このとき，任意の正数 ε に対して，区間 $\left[\frac{1}{2} - \varepsilon,\ \frac{1}{2} + \varepsilon\right]$ をとってみよう。この区間に入る奇数番の

h_n の値は,不等式

$$\frac{1}{2} - \varepsilon \leq \frac{(n-1) \div 2}{n} \leq \frac{1}{2} + \varepsilon$$

を解けばわかる。解いてみると,

$$\frac{1}{2\varepsilon} \leq n$$

となる。つまり,$\frac{1}{2\varepsilon}$ 以上のすべての奇数番号 n の h_n の値はすべてこの区間に入る,ということがわかった(もちろん,偶数番号がすべて入ることはいうまでもない)。言い換えると,レベル ε の裏切り番号は,$\frac{1}{2\varepsilon}$ までにすべて消え去る,ということである。これを,「数列 $\{h_n\}$ の極限は $\frac{1}{2}$ である」と言い,

$$h_n \to \frac{1}{2} \quad (n \to \infty)$$

あるいは,

$$\lim_{n \to \infty} h_n = \frac{1}{2}$$

と記す。lim は,極限(limit)を意味する記号である。

この極限の考え方を利用すれば,「コイン無限回投げの標本点 ω において,半分が H」ということを,「数列 h_n の極限値が 2 分の 1 である」と取り決められる。つまり,「無限個の中の半分」ということを「極限が 2 分の 1」と解釈する,ということである。

数列の集積点を定義しよう

前節で数列の極限を定義した。言葉で表すと,「数列 h_n の

極限値が α である」ということは,「α のどんなに近くの範囲をとっても,ある番号より先の h_n の値はみなその範囲に入ってしまう」ということである。これは,「h_n の値が α の周辺に密集している」ということを意味している。実は,この「密集」という概念を使うと,「数列に極限値が存在しない」場合も含めて,数列の無限の彼方に関する挙動を見つけ出すことができる。そして,大数の強法則を導くには,その性質がとても重要な役割を果たすのである。

一般の数列に対し,まず,「集積点」というのを定義する。

集積点の定義

数列 $\{a_n\}$ を,$a_1, a_2, a_3, \cdots$ と並ぶ数の列とする。このとき,数 α が数列 $\{a_n\}$ の**集積点**であるとは,α のどんなに近くをとっても数列 $\{a_n\}$ の無限個がその中に入っていることである。より詳しく言うと,任意の正数 ε に対して,
$$\alpha - \varepsilon \leq a_n \leq \alpha + \varepsilon$$
を満たす番号 n が無限に存在する,ということ。

「集積点の定義」が「極限の定義」と異なるのは,極限の定義では十分大きい番号「すべて」と言っていたところが,「無限個の」に置き換わっている点だけである。集積点というのは,おおざっぱに言えば,数列の値がその点のごく近くに密集していることである。つまり,α の左右のどんな近くに仕切りを作ってもその仕切りを突破して数列の値が侵入してきてしまうことを意味している。

$\alpha = \infty$ や $\alpha = -\infty$ に対しても,集積点であることを定義できるが,本書ではこれらの概念をほとんど使わないので,わざわざ定義しないで済ます。限界を持つ数列,つまり,定

数 u, v に対して，$u \leq a_n \leq v$ がすべての番号 n に対して成り立つような数列を「有界数列」と呼ぶ。本書では最終章を除き，有界数列しか扱わない。

さて，数列の集積点と，その数列が近づいていく極限との関係を知りたい。そのためには前もって慎重に考えなければならない点が2つある。それは以下である。

第1の疑問点　どのような有界数列に対しても，集積点は必ずあるのか？

第2の疑問点　集積点が複数あるということが起きるか？

答えは，どちらもイエスである。

まず，第1の疑問点への答えを直観的に述べよう。つまり，どんな有界数列も集積点を持つことを直観的に説明しよう。

今，すべての番号 n に対して，$u \leq a_n \leq v$，を満たす有界数列を考える。有界数列 $\{a_n\}$ の値を区間 $[u, v]$ 上に置いていこう。ここで「置く」というのは，数直線上の a_n の数値の点に番号 n を置く，というイメージである。区間 $[u, v]$ を中点で二等分し，2つの区間に分ける。$\left[u, \frac{u+v}{2}\right]$ と $\left[\frac{u+v}{2}, v\right]$ がそれである。すると，その少なくとも一方には無限個の番号が置かれるはずである。次にその無限個の番号が置かれるほうの区間（両方がそうなら，どちらかを選ぶ）を再度，中点によって二等分しよう。すると，その少なくとも一方には無限個の番号が置かれる。

以下同様の作業を繰り返すと，半分，半分と縮んでいく区間の列が選ばれ，その各区間には無限個の番号が置かれてい

る。このような区間の列は、包含されながら縮んでいくから、これらの区間に共通の数 α がただ一つだけ存在するであろう（この議論は、第6章の図6-5と同じだ）。この数 α が数列 $\{a_n\}$ の集積点に他ならない。なぜなら、α は縮んでいく区間すべてに共通に入っている数で、そのどの区間にも無限個の番号 n が置かれているからだ。

以上は、かなりラフで直観的な説明ではあるが、正しい証明の戦略を使っているので安心してほしい。これを一点の曇りもごまかしもなく完成するには、実数の理論が必要になる。それを知らないと気が済まないという人は専門書をひもといてほしい。

第2の疑問点には、具体例で答えよう。集積点が2つあるような数列 $\{a_n\}$ の例を与える。

数列 $\{a_n\}$：$a_1 = 0.1$, $a_2 = 1.1$, $a_3 = 0.01$, $a_4 = 1.01$,
$a_5 = 0.001$, $a_6 = 1.001$, … …③

この数列は、奇数番を取り出すと、0.1→0.01→0.001→0.0001→という具合に、減少しながら0に近づいていく数列となる。つまり、0が数列 $\{a_n\}$ の集積点の一つであることがわかる。実際、0のどんな近くをとっても、奇数番の a_n が無限個入っている。他方、偶数番だけを取り出すと、1.1→1.01→1.001→1.0001→という具合に、減少しながら1に近づいていく数列となる。したがって、1ももう一つの集積点である。実際、1のどんな近くをとっても、偶数番の a_n が無限個入っている（図7-2）。

```
    この辺に密集            この辺に密集
─────●●●●──●───●────●●●──●────●───●──→
    0                    1
```

図 7-2

以上をまとめると,

* 有界数列に対して,集積点は必ず存在するが,複数存在することもある,

ということである。実際,集積点を無限個持つような数列だって存在する。

🎲 上極限,下極限,極限

前々節で数列の極限を定義したが,集積点を使って次のように定義し直すとよりイメージ化しやすくなる。

数列の収束の集積点による定義

有界数列 $\{a_n\}$ の集積点がたった1つで,それが α であるとき,α は有界数列 $\{a_n\}$ の極限であると言い,
$$a_n \to \alpha \quad (n \to \infty)$$
あるいは,
$$\lim_{n \to \infty} a_n = \alpha$$
と記す。

このように集積点を使って,極限を定義し直すご利益は次の点である。すなわち,コイン無限回投げモデルでは,H の頻度が極限を持たないような標本点が存在する。これらの標本点では,n 回目までの H の頻度 h_n は,いろいろな値をう

ろうろして、値が振動する。

このような数列 h_n に対しても、それを扱うための数学ツールが必要である。それには、集積点が役に立つ。集積点は（極限値とは違って）必ず存在するからである。

一般に有界数列 $\{a_n\}$ には1つ以上の集積点が存在するから、集積点のうち最大のものと最小のものが必ず存在する。最大のものを有界数列 $\{a_n\}$ の「上極限」と呼び、最小のものを有界数列 $\{a_n\}$ の「下極限」と呼ぶ。もちろん、上極限と下極限が一致してしまうこともありうる。それは、集積点が1つしかない場合である。この場合、先ほどの定義から明らかに、上極限と下極限は極限値に一致する。まとめよう。

上極限と下極限の定義

有界数列 $\{a_n\}$ の集積点のうち、最大のものを有界数列 $\{a_n\}$ の上極限と呼び、

$$\limsup_{n\to\infty} a_n$$

と書く。同様に、最小のものを有界数列 $\{a_n\}$ の下極限と呼び、

$$\liminf_{n\to\infty} a_n$$

と書く。上極限と下極限が一致するとき、またそのときに限り、有界数列 $\{a_n\}$ は極限値を持ち、それは上極限と下極限に一致する。すなわち、

$$\limsup_{n\to\infty} a_n = \alpha = \liminf_{n\to\infty} a_n \text{ ならば、}$$

$$\lim_{n\to\infty} a_n = \alpha$$

例えば、前節で出した数列③の例で言うと、

$$\limsup_{n\to\infty} a_n = 1$$

$$\liminf_{n\to\infty} a_n = 0$$

となっており，上極限と下極限が異なっているので，極限値は存在しないのである。

lim sup や lim inf は見慣れない記号で，難しそうだし，通常の解析数学の教科書での定義は，輪を掛けて難解である。しかし，本書のように定義されていれば，そんなに恐れるに足らない。要するに，数列には値が密集する場所が必ず存在し，その一番大きい場所が上極限（lim sup）で一番小さい場所が下極限（lim inf）だ。それらはどの数列にも必ず存在する。そして，この2つが一致したら，それは値が密集する場所が1ヵ所しかないことを意味し，その値が数列の極限値というだけの話である。

🎲 増加する数列は極限を持つ

以上の上極限，下極限，極限を理解すれば，次の使い勝手のいい定理が当たり前だと思えることだろう。

単調数列の収束定理

$\{a_n\}$ が増加する有界数列，すなわち，
$$a_1 \leqq a_2 \leqq a_3 \leqq \cdots (\leqq 一定値\ u)$$
を満たすならば，$\{a_n\}$ には極限が存在する。同様に，減少する有界数列，すなわち，

> $a_1 \geqq a_2 \geqq a_3 \geqq \cdots (\geqq 一定値\ v)$
> を満たす場合も，$\{a_n\}$ には極限が存在する。

　この定理は，「極限が何であるかはわからなくても，極限を持つことだけはわかる」という意味で，有能な定理なのである。

　上極限と下極限のことを理解できた読者は，この定理が成り立つことを難なく納得できるだろう。実際，有界数列 $\{a_n\}$ が増加する数列の場合，集積点が1個しか存在しないことは火を見るより明らかである。仮に2つの集積点 α と β（$\alpha > \beta$）があったとしたら，a_n の値は，α のごく近くにも無限個置かれ，β のすぐ近くにも無限個置かれていなければならない。すると，いつか α のそばから β のそばに値が減少するように飛ばなくてはならなくなる。これは，増加数列であることに反している。したがって，集積点が複数あることは不可能だから，上極限と下極限が一致して，極限が存在することになるわけなのだ。

数列の無限和とは

　数列の極限の応用として確率の理論の中で重要になるのは，「数列の無限和」というものである。すなわち，数列の無限個の項すべてを合計するといくつになるか，ということである。例えば，数列 $\{b_n\}$ に対して，それらの項をすべて加えた，

$b_1 + b_2 + b_3 + \cdots + b_n + \cdots$

の値がいくつになるか，というのを考えてみよう。無限和

は，n 番目までの和（部分和）

$$S_n = b_1 + b_2 + b_3 + \cdots + b_n$$

の極限が存在する場合に限り，S_n の極限値として定義される。つまり，

$$S_n \to \alpha \quad (n \to \infty)$$

であるとき，無限和が α に等しいと定義されるのである。

$$b_1 + b_2 + b_3 + \cdots + b_n + \cdots = \alpha$$

次章の大数の強法則の証明で必要になるので，数列の無限和についての一つの性質を提示しておこう。

収束無限和の遠方和は0

$$b_1 + b_2 + b_3 + \cdots + b_n + \cdots = \alpha$$

であるとき，m 項目から先の無限和を

$$L_m = b_m + b_{m+1} + b_{m+2} + \cdots$$

と定義する。このとき，

$$L_m \to 0 \quad (m \to \infty)$$

となる。

言葉でいうと，「数列の無限和が値を持つ場合，遠方のほうの無限和は0に近づく」ということだ。

この性質は，当たり前である。数列 $\{b_n\}$ の無限和の値が α だとしよう。当然，

　　($m-1$ 項目までの和) + (m 項目以降の和) = α

が成り立つ。($m-1$ 項目までの和) は S_{m-1} だから，m を大きくすればどんどん α に近づいていく。ということは，(m 項目以降の和) $= L_m$ は当然，0に近づいていかなければならない。

第7章 極限計算を制覇する

🎲 事象の極限と確率の極限の入れ替え法則

これまで，数列に対して「無限の彼方での到達点」としての極限を定義してきた。とりわけ，単調数列（増加し続ける数列，または，減少し続ける数列）に関しては，必ず極限値が存在することがわかった。実は，事象の列に関しても，これと類似のことが成り立ち，それは，大数の強法則を証明するための武器になる。

62ページにおいて，集合Aが集合Bに包含される，すなわち，Aの要素がすべてBの要素であることを，$A \subseteq B$と記述した。事象は集合だから，同じ記法を使うことができる。そうすると，数列の場合と類似して「単調な事象列」というものを考えることができる。すなわち，$A_1, A_2, A_3, \cdots$を事象の列として，$A_1 \subseteq A_2 \subseteq A_3 \subseteq \cdots$となっているものを単調増加の事象列と呼ぶ。例えば，コイン無限回投げモデルにおいて，事象A_kを「Hが出る回数はk回以下」という事象とおけば単調増加となる。「Hが出る回数はk個以下」を満たす標本点ωは必ず「Hが出る回数は$k+1$回以下」を満たすからである。

単調増加の事象列のすべての事象の合併

$$A = A_1 \cup A_2 \cup A_3 \cup \cdots$$

は事象の可算無限個の合併であるから（115ページの(2)より）事象になる。ところで，n番目までの合併については，$A_1, A_2, A_3, \cdots, A_{n-1}$がすべて$A_n$に包含されることから，

$$A_1 \cup A_2 \cup A_3 \cup \cdots \cup A_n = A_n$$

となっている。したがって，上記の事象Aは$A_1, A_2, A_3, \cdots$

の極限と見なすことができる。すなわち,

$$A = A_1 \cup A_2 \cup A_3 \cup \cdots = \lim_{n \to \infty} A_n$$

と定義する。これは単なる便利な記法ということであり,数列の極限のような難しい分析は必要ない。要するに,単調な事象列は,可算無限個の合併を使うことによって,「極限そっくりのアイテム」を事象として作り出せるということである。

大事なのは「事象の極限」と「確率の極限」に対して,極限記号の交換ができる,という点だ。きちんと書くと,以下の法則である。

単調増加事象における極限と確率の極限の交換

$A_1, A_2, A_3, \cdots$ を事象の増加列 ($A_1 \subseteq A_2 \subseteq A_3 \subseteq \cdots$) とする。このとき,「事象についての極限」を「確率についての極限」と入れ替えることができる。すなわち,
(事象列が近づく事象の確率)=(各事象の確率が近づく値)
式で書くと,

$$p(\lim_{n \to \infty} A_n) = \lim_{n \to \infty} p(A_n)$$

つまり,事象 A_n たちが大きくなっていって無限の先で事象 A に収束するとき,その事象 A の確率というのは,各事象 A_n の確率 $p(A_n)$ の極限として与えることができる,ということである。

この「単調増加事象における極限と確率の極限の交換法則」を示すために,図7-3を眺めてみよう。この図だけでほとんど明らかに思えるに違いない。

第7章 極限計算を制覇する

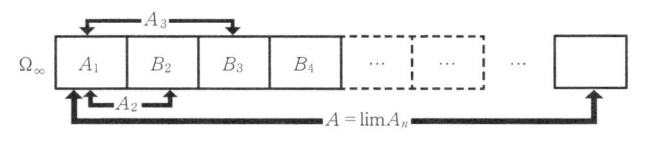

図7-3

　事象 A_2 が事象 A_1 から増えている部分を事象 B_2 とし，事象 A_3 が事象 A_2 から増えている部分を事象 B_3 とし，…としていけば，極限としての事象 $A = \lim_{n \to \infty} A_n$ は，

$$A = A_1 \cup B_2 \cup B_3 \cup \cdots$$

と事象の可算無限個の合併の形で表現できる。定義から，事象 $A_1, B_2, B_3, \cdots$ たちはどの2つも重なりを持たないので，確率の可算加法性（116ページ（4））から，

$$p(A) = p(A_1) + p(B_2) + p(B_3) + \cdots$$

という無限和の等式が成り立つことになる。一方，前節でやったように，数の無限和が値を持つことの定義から，部分和について，

$$p(A_1) + p(B_2) + p(B_3) + \cdots + p(B_n) \to p(A) \quad (n \to \infty)$$

である。左辺は，再び，確率の加法性から，

$$p(A_1) + p(B_2) + p(B_3) + \cdots + p(B_n)$$
$$= p(A_1 \cup B_2 \cup B_3 \cup \cdots \cup B_n) = p(A_n)$$

であるから，

$$p(A_n) \to p(A) \quad (n \to \infty)$$

が得られる。すなわち，$p(A) = \lim_{n \to \infty} p(A_n)$ が成り立っている。

　単調に減少する事象列についても同じ法則が成立する。すなわち，

> **単調減少事象の極限と確率の極限の交換**
>
> $A_1, A_2, A_3, \cdots$ を事象の減少列とする（$A_1 \supseteq A_2 \supseteq A_3 \supseteq \cdots$ ということ）
> このとき，$\lim_{n \to \infty} A_n = A_1 \cap A_2 \cap A_3 \cap \cdots$ に関して，
> $$p(\lim_{n \to \infty} A_n) = \lim_{n \to \infty} p(A_n)$$

この法則の証明は，各 A_n の補集合（A_n^c）をとって考えれば，増加列の場合に帰着するから省略することとしよう。

🎲 いよいよ，大数の強法則の入り口へ

以上で，数列の上極限，下極限，極限とか，数列の無限和とか，事象の極限など，無限の操作に関する知識が整った。これで私たちは，無限モデルにおいて，確率を分析する準備ができたのである。いよいよ，次の章で，私たちの頭の中だけにある「無限世界」に着陸し，その地に大数の強法則という旗を立てようではないか。

第8章

コインを無限回投げると半分は表になる

> ポイントとなるのは、可算無限個の合併や可算無限個の共通部分によって、事象 F_ε や事象 N を構成すること。それと、チェビシェフの不等式を使って、それらの確率を、0に収束する式で上から抑えることである。(本文より)

いよいよ大数の強法則にトライ

　第6章で，コイン無限回投げの確率モデルを構成した。そして，第7章で，極限の概念を，上極限と下極限を加えた上で解説した。これで準備が済んだので，いよいよ大数の強法則を証明する。これは，「コインを無限回投げると，表が出る頻度はちょうど2分の1」という法則だ。ここで，「表の出る頻度がちょうど2分の1」ということは，数学的には，「表の出る頻度の極限が2分の1である」という意味である。

　まず，これまでに作ったコイン投げの図式によって，大数の強法則をイメージ化しておこう。第1章の樹形図のイメージを使うと，図8-1のようになる。

図 8-1

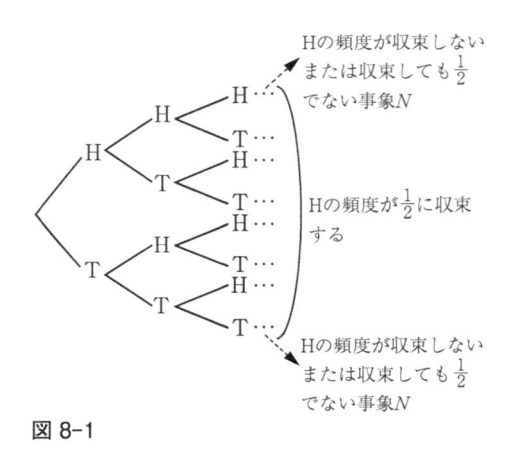

もう一つのイメージとしては、第7章で与えたもので、図 8-2 のようになる。

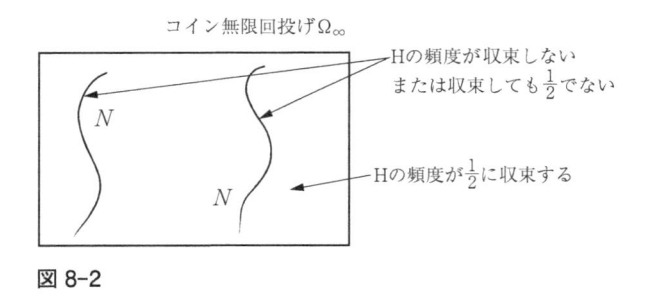

図 8-2

要は、大数の強法則とは、両方の図における事象 N の面積が 0、すなわち、確率が 0 であることを述べているものなのである。

第8章　コインを無限回投げると半分は表になる

🎲 証明のアイデアは？

以上で，大数の強法則のイメージは非常にすっきりしたのだが，証明自体は相当に困難である。それは，無限集合に関する算術を縦横無尽に駆使しなければならないからである。

コイン無限回投げに関する大数の強法則の証明について，アイデアだけを先に提示しておこう（以下の証明は［12］の *Chapter* 1 に大きく負っている）。非常にざっくり書くと，

- **ステップ1**　Hの頻度が $\frac{1}{2}$ に収束しない，ということを上極限で表す。
- **ステップ2**　(Hの頻度が $\frac{1}{2}$ に収束しない ω) とは，ある正数 ε に対して，(頻度と $\frac{1}{2}$ の差の上極限が ε より大きいような ω) と同じ。このような ω の集合 F_ε は事象となる。
- **ステップ3**　事象 F_ε は集合の極限を使って具体的に構成でき，その確率は0である。
- **ステップ4**　可算個の事象 F_ε を合併すれば，「Hの頻度が $\frac{1}{2}$ に収束しない」ω から成る事象 N を構成できる。そして，その確率 $p(N)$ が0であることが示される。

ポイントとなるのは，可算無限個の合併や可算無限個の共通部分によって，事象 F_ε や事象 N を構成すること。それと，チェビシェフの不等式を使って，それらの確率を，0に収束する式で上から抑えることである。

それでは，以上のステップを，順に説明していくこととしよう。かなり頭を使うと思うが，その達成感は大きいので，

頑張ってついてきてほしい。

🎲 収束しないことを上極限で表す

コイン無限回投げの確率モデル Ω_∞ において、各標本点、

$$\omega = (\omega_1, \omega_2, \cdots, \omega_k, \cdots) \quad (各 \omega_k は T または H)$$

に対して、数列 h_n を次のように定義した。

$$h_n = \frac{\omega_1, \omega_2, \cdots, \omega_n の中の H の個数}{n}$$

この数列 $\{h_n\}$ は、「標本点 ω の n 回目までの H の頻度」を計算するものだった。今、この数列 $\{h_n\}$ が $\frac{1}{2}$ に近づかない、つまり、$h_n \to \frac{1}{2}$ とならない標本点 ω の集合 N を考えたい。ここで、「$h_n \to \frac{1}{2}$ とならない」には、2つのケースがあることに注意しよう。

第1は、数列 $\{h_n\}$ がそもそも極限を持たない場合

第2は、数列 $\{h_n\}$ は極限を持つが、それが $\frac{1}{2}$ ではない場合である。証明では、2つのケースどちらにも通用する方法を使う。

目標は、N が事象であることを証明し、N を具体的に記述し、その確率が0であることを示すことだ。

ここで、数列 $\{h_n\}$ が $\frac{1}{2}$ に収束するかどうか、を考えるより、2数の差（絶対値）を表す数列 $d_n = \left| h_n - \frac{1}{2} \right|$ を扱うほうが簡単になる。「$h_n \to \frac{1}{2}$」は「$d_n \to 0$」と同値である。しかも、d_n が常に0以上であることが、考察を簡便にしてくれる。

当然、「$h_n \to \frac{1}{2}$ でない」は「$d_n \to 0$ でない」と同値である。したがって、「$d_n \to 0$ でない」となるような標本点 ω の集合が N となる。

第8章 コインを無限回投げると半分は表になる

「$d_n \to 0$ でない」という条件は，上極限を使うと上手に書き換えができる。それは，

「数列 $\{d_n\}$ の上極限が正である」

というものだ。なぜこう書き換えることができるのだろうか。

まず，数列 $\{d_n\}$ の上極限が 0 だとしよう。このとき，d_n が 0 以上であることと，上極限と下極限の定義（135 ページ）から，

（数列 $\{d_n\}$ の上極限）≧（数列 $\{d_n\}$ の下極限）≧ 0

であることにより，数列 $\{d_n\}$ の下極限も 0 だとわかる。したがって，上極限と下極限が一致することから，極限を持つことがわかり，「$d_n \to 0$」である。

逆に，数列 $\{d_n\}$ の上極限が正だとしよう。このとき，もしも数列 $\{d_n\}$ が極限を持つならば，それは上極限と一致するから，極限も正となり，したがって「$d_n \to 0$ でない」。また，もしも数列 $\{d_n\}$ が極限を持たないなら，もちろん，「$d_n \to 0$ でない」。いずれの場合でも，「$d_n \to 0$ でない」とわかる。

以上によって，「$d_n \to 0$ でない」は「数列 $\{d_n\}$ の上極限が正である」に言い換えられることが確かめられた。以上から，私たちが追求している標本点の集合 N は，

$N = \{$数列 $\{d_n\}$ の上極限が正である $\omega\}$

であることが突き止められた。以下の証明を見ればわかるが，「$d_n \to 0$ でない」よりも「上極限が正」のほうが，事象を構成しやすいのである。

🎲 「上極限が ε 以上」という事象

証明の標的は

$N = \{$数列 $\{d_n\}$ の上極限が正である $\omega\}$

だが，いっぺんには構成できないので，とりあえず，次の集合にしぼることにする。正数 ε を1つ具体的に固定して，

$F_\varepsilon = \{$数列 $\{d_n\}$ の上極限が ε 以上である $\omega\}$

を考える。これは当然，N の部分集合である（$F_\varepsilon \subseteq N$）。

この F_ε を具体的に構成しよう。

コイン無限回投げモデル Ω_∞ の根元事象を思い出しておく（114ページ）。

$W_1 = \{\omega_1 = H$ であるような $\omega\}$
$W_2 = \{\omega_2 = H$ であるような $\omega\}$
$\vdots$
$W_k = \{\omega_k = H$ であるような $\omega\}$
$\vdots$

さて，上極限とは，数列の点が密集する「集積点」のうち，最大のものであった。すなわち，上極限のどんな近くをとっても，無限個の数列の数が置かれているのである（詳しい説明は131ページにて）。したがって，「数列の無限個の数が入っている」ということを事象の記号を駆使して表現すればよい。

そのためには，コイン投げのちょうど n 回目だけに注目して「d_n が ε 以上の標本点 ω」を考える。この性質を持つ標本点 ω を集めて集合 T_n を作ろう。

$T_n = \{d_n \geqq \varepsilon$ を満たす $\omega\}$

第8章 コインを無限回投げると半分は表になる

　言葉で表すと,「n 回目までの H の頻度が, $\frac{1}{2}$ から ε 以上離れているような標本点の集合」ということである。この集合 T_n は明らかに事象となる。なぜなら, n 回コイン投げモデル Ω_n の各標本点（H または T の n 個から成る座標）に対して, H の頻度を計算し, それが ε 以上のものを具体的に集めて Ω_n の事象を作り, それに対応する Ω_∞ の事象を構成すればいいからである。例えば, 仮に, 1 番目から n 番目まですべてが H であるような標本点だけが条件を満たすとするなら, $T_n = W_1 \cap W_2 \cap \cdots \cap W_n$ であり, これは根元事象の合併だから事象である（$W_1 \cap W_2 \cap \cdots \cap W_n$ が, 1 回目から n 回目まですべて H である ω の集合であることを前ページの W_k の定義から確認されたし）。

　これらの事象 $T_1, T_2, T_3, \ldots$ を使うと, 次のような事象を作ることができる。

　「k 以上の番号 n で, $d_n \geq \varepsilon$ を満たすものが少なくとも 1 つはある ω の集合」…①

これに属する標本点 ω においては,「k 回目以降に少なくとも 1 回は, H の頻度が $\frac{1}{2}$ から ε 以上離れることが起きる」ということである。

　この事象は, 次のものとなる。

　　$S_k = T_k \cup T_{k+1} \cup T_{k+2} \cup T_{k+3} \cup \cdots$

これは, 可算無限個の事象を合併したものなので, 事象となる（115 ページ　事象の性質 (2)）。これが, ①の集合と一致することは次のようにしてわかる。S_k は, $T_k, T_{k+1}, T_{k+2}, \ldots$ を合併したものだから, S_k に属する ω は $T_k, T_{k+1}, T_{k+2}, \ldots$ の少くともいずれか 1 つには属する。T_k に属するならば, ω

は $d_k \geq \varepsilon$ を満たし，T_{k+1} に属するなら，ω は $d_{k+1} \geq \varepsilon$ を満たし，…となるから，ω は明らかに①を満たすのである。

ここでできた，$S_1, S_2, S_3, \cdots$ を利用すると，遂に目標の
$$F_\varepsilon = \{数列 \{d_n\} の上極限が \varepsilon 以上の \omega\}$$
を構成することができる。これは，

$$F_\varepsilon = S_1 \cap S_2 \cap S_3 \cap S_4 \cap \cdots = \lim_{n \to \infty} S_n$$

となるのである。

まず，これが可算無限個の事象の共通部分であることから事象となることがわかる（115ページ 事象の定義(3)）。そして，これが上極限と関係するのは，次のような理由からである。

$S_1 \cap S_2 \cap S_3 \cap S_4 \cap \cdots$ に属する標本点 ω は，$S_1, S_2, S_3, \cdots$ すべてに属している標本点である。S_1 に属することから，①の性質によって，ω は

「1以上の番号 n で，$d_n \geq \varepsilon$ を満たすものが少なくとも1つはある」

という性質を満たしている。同様に，S_2 に属することから，ω は，

「2以上の番号 n で，$d_n \geq \varepsilon$ を満たすものが少なくとも1つはある」

という性質も満たしている。以下同様に，すべての k に対して，

「k 以上の番号 n で，$d_n \geq \varepsilon$ を満たすものが少なくとも1つはある」

ということを満たしている。

第8章 コインを無限回投げると半分は表になる

このことから、標本点ωには、$d_n \geq \varepsilon$を満たす番号が無限個あること、言い換えると、$d_n \geq \varepsilon$を満たすnがいつまでも途切れることなく出てくることがわかる。このとき、数列$\{d_n\}$はε以上の場所に少なくとも1つの集積点を持っていなければならない。特に$\{d_n\}$の上極限はε以上である。つまり、ωは

$$F_\varepsilon = \{\text{数列 } \{d_n\} \text{ の上極限が } \varepsilon \text{ 以上の } \omega\}$$

に属している、ということになる（図8-3）。

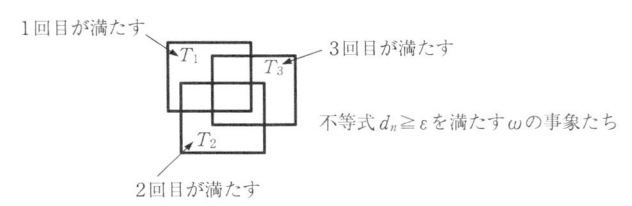

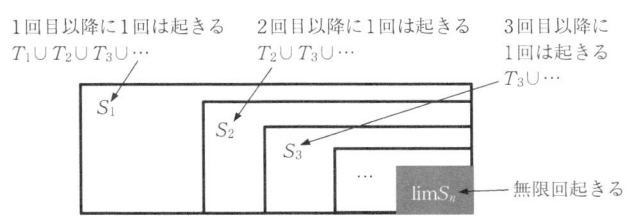

図8-3

F_ε の確率を評価する

これで事象

$$F_\varepsilon = \{\text{数列 } \{d_n\} \text{ の上極限が } \varepsilon \text{ 以上の } \omega\}$$

を構成できたので、この確率を見積もろう。今までd_nを使

って事象を表してきたが、ここで頻度を表す h_n による表現に戻しておく。

最初に作った事象は，

$$T_n = \left\{ \left| h_n - \frac{1}{2} \right| \geq \varepsilon \text{ を満たす } \omega \right\}$$

であった。次にこれらの事象列を使って、事象

$$S_k = T_k \cup T_{k+1} \cup T_{k+2} \cup T_{k+3} \cup \cdots$$

を作った。この事象列を使うことで、

$$F_\varepsilon = \left\{ \left| h_n - \frac{1}{2} \right| \text{ の上極限が } \varepsilon \text{ 以上の } \omega \right\}$$

$$= S_1 \cap S_2 \cap S_3 \cap S_4 \cap \cdots = \lim_{n \to \infty} S_n$$

とわかった。したがって、事象 T_n の確率 $p(T_n)$ の大きさを評価することができれば、おのずと、S_k や F_ε の確率の見積もりもできる。

さて、ここで、92ページで大数の弱法則を証明するときに使ったチェビシェフの不等式をもう一度呼び出してみよう。

チェビシェフの不等式

コイン N 回投げモデル Ω_N において

事象 $E = \left\{ \left| \dfrac{\omega \text{ の中の H の個数}}{N} - \dfrac{1}{2} \right| \geq \varepsilon \text{ となる } \omega \right\}$ に対して、不等式、

$$p(E) \leq \frac{1}{4} \times \frac{1}{\varepsilon^2} \times \frac{1}{N}$$

が成り立つ。

第8章 コインを無限回投げると半分は表になる

この事象 E は，(N を n に取り替えれば）今扱っている事象 T_n と全く同じであることに注目する。すると，事象 T_n に対しても，同様の不等式を作ることができる。すなわち，

$$p(T_n) \leq \frac{1}{4} \times \frac{1}{\varepsilon^2} \times \frac{1}{n} \quad \cdots ②$$

という不等式である。これを用いて，S_k の確率を評価すれば，

$$p(S_k) = p(T_k \cup T_{k+1} \cup T_{k+2} \cup T_{k+3} \cup \cdots)$$
$$\leq p(T_k) + p(T_{k+1}) + p(T_{k+2}) + \cdots$$

となる。これは 78 ページで確率の不等式と呼んだものの可算無限個バージョンである（証明は，同様に重複部分の面積を考えればよい）。ここに②を代入すれば，

$$p(S_k) \leq \left(\frac{1}{4} \times \frac{1}{\varepsilon^2} \times \frac{1}{k}\right) + \left(\frac{1}{4} \times \frac{1}{\varepsilon^2} \times \frac{1}{k+1}\right)$$
$$+ \left(\frac{1}{4} \times \frac{1}{\varepsilon^2} \times \frac{1}{k+2}\right) + \cdots$$
$$= \frac{1}{4} \times \frac{1}{\varepsilon^2} \times \left(\frac{1}{k} + \frac{1}{k+1} + \frac{1}{k+2} + \cdots\right) \quad \cdots ③$$

が得られる。ここで，もしも，無限和

$$\frac{1}{k} + \frac{1}{k+1} + \frac{1}{k+2} + \cdots \quad \cdots ④$$

が，$k \to \infty$ としたとき 0 に収束してくれるならば，$p(S_k) \to 0 (k \to \infty)$ となってくれる。

そうしたら，減少集合列の極限と確率の極限の交換法則（142 ページ）によって，

$$p(F_\varepsilon) = p(S_1 \cap S_2 \cap S_3 \cap S_4 \cap \cdots) = p\left(\lim_{n\to\infty} S_n\right) = \lim_{n\to\infty} p(S_n) = 0$$

となって, F_ε の確率が0になってくれる。

そうなれば, めでたしめでたしなのだが, 残念ながら④の極限は0になってくれないのである。

ここで証明が暗礁に乗り上げたように見えるのだが, そうではない。幸いにも, 突破口が見つかるのである。

突破口は, 次の性質から得られる。すなわち,

平方番号の法則

数列 $h_1, h_2, h_3, h_4, \cdots$ が $\dfrac{1}{2}$ に収束することと, $\{h_n\}$ のうち番号が平方数 (2乗の数) のものだけを抜き出した数列 $h_1, h_4, h_9, h_{16}, \cdots$ が $\dfrac{1}{2}$ に収束することは同値である。

前者の数列が収束すれば, その一部を抜き出した後者の数列も同じ値に収束することは明らかである。しかし, 後者の数列が収束するからといって, 前者の数列が同じ値に収束するなどということは一般には成り立たない。反例はいくらでもつくれる。この法則は, Hの頻度を計算する数列 $\{h_n\}$ に固有に成り立つ性質なのである。そして, この性質は, 大数の強法則の証明に非常に好都合なものなのである。実際, 今までの証明で, 暗礁に乗り上げたところを, 突破することができる。この「平方番号の法則」の証明は, 章末の補足に回して, 大数の強法則の証明の仕上げを行うことにしよう。

🎲 大数の強法則へ到達

前節で手に入れた「平方番号の法則」によって, 今までの

すべての議論を数列 $\{h_n\}$ ではなく,平方番号だけを抜き出した数列 $\{h_{n^2}\}$ で再現できることになる。すなわち,

$$d_{n^2} = \left| h_{n^2} - \frac{1}{2} \right|$$

のように,数列 $\{d_n\}$ のほうも,番号が平方数だけのものに置き換えてよい。したがって,標的の事象 N は

$N = \{$数列 $\{d_{n^2}\}$ の上極限が正である $\omega\}$

と書き換えてよい。だから,事象 F_ε も

$F_\varepsilon = \{$数列 $\{d_{n^2}\}$ の上極限が ε 以上の $\omega\}$

と置き換えて議論できる。同様にして,

$T_n = \{d_{n^2} \geq \varepsilon$ を満たす $\omega\}$

と置き換える。T_n については,わかりやすさのため n^2 ではなく,n としておく。

$S_k = T_k \cup T_{k+1} \cup T_{k+2} \cup T_{k+3} \cup \cdots$

とすることは同じである。n が n^2 に置き換わったことで,チェビシェフの不等式を使う②のところは,

$$p(T_n) \leq \frac{1}{4} \times \frac{1}{\varepsilon^2} \times \frac{1}{n^2}$$

と右辺の分母を n^2 に取り替えることができる。すると,不等式③は,

$$p(S_k) \leq \frac{1}{4} \times \frac{1}{\varepsilon^2} \times \left(\frac{1}{k^2} + \frac{1}{(k+1)^2} + \frac{1}{(k+2)^2} + \cdots \right)$$

$\cdots$⑤

と変わる。

ここで,平方数の逆数の無限和

$$\frac{1}{1^2} + \frac{1}{2^2} + \cdots + \frac{1}{n^2} + \cdots$$

が収束することを使おう（証明は章末の補足に回す）。これによって、「収束無限和の遠方和は0」の法則（138ページ）を使って、⑤式の最後のカッコ内の無限和が $k \to \infty$ とすると0に収束することがわかる。したがって、今度はみごとに、

$$p(F_\varepsilon) = p(S_1 \cap S_2 \cap S_3 \cap S_4 \cap \cdots) = p\left(\lim_{n\to\infty} S_n\right) = \lim_{n\to\infty} p(S_n) = 0$$

が得られた。これは、言葉で表すと、減少事象列 $S_1, S_2, S_3,$ …の極限として F_ε が得られることで、F_ε の確率 $p(F_\varepsilon)$ は、減少事象列の確率 $p(S_1), p(S_2), p(S_3),$ …の極限値と一致する。$p(S_1), p(S_2), p(S_3),$ …はすべて0なのだから、$p(F_\varepsilon)$ も0でなければならない、ということである。

最後に標的である事象、

$N = \{$数列 $\{d_{n^2}\}$ の上極限が正である $\omega\}$

の確率 $p(N)$ が0となることを証明しよう。事象 F_ε において、ε を 0.1, 0.01, 0.001, …とおいて、事象を作っていくと次のようになる。

$F_{0.1} = \{$数列 $\{d_{n^2}\}$ の上極限が 0.1 以上の $\omega\}$
$F_{0.01} = \{$数列 $\{d_{n^2}\}$ の上極限が 0.01 以上の $\omega\}$
$F_{0.001} = \{$数列 $\{d_{n^2}\}$ の上極限が 0.001 以上の $\omega\}$
$\vdots$

これらは増加事象列であることに注意しよう。そして、事象 N に属する ω は、上記の F_ε のどれかに属することは明らかである。したがって、

$N = F_{0.1} \cup F_{0.01} \cup F_{0.001} \cup \cdots$

となる。ここで，先ほどの議論から $p(F_{0.1})$, $p(F_{0.01})$, $p(F_{0.001})$, …がすべて0であることから，増加集合列の極限と確率の極限の交換法則（140ページ）によって，

$$p(N) = 0$$

が得られる（図8-4）。これを再度，言葉で表現すれば，Hの

図中ラベル:
- 上極限が0より大きい： $\lim F_\varepsilon = N$
- 上極限が0.001より大きい： $F_{0.001}$
- 上極限が0.01より大きい： $F_{0.01}$
- 上極限が0.1より大きい： $F_{0.1}$
- **すべて確率は0**

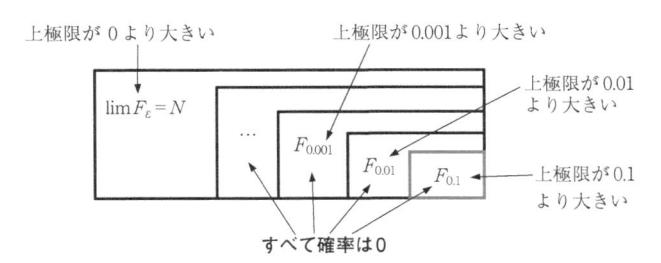

図 8-4

頻度の極限が $\frac{1}{2}$ にならないような ω を集めた事象 N の確率は0だ，ということである。ようやく，大数の強法則に到着できた。

補足 1 平方数の番号だけでよいのはなぜか？

ここでは補足として,

「$h_{m^2} \to \frac{1}{2}$ が成り立つなら，$h_n \to \frac{1}{2}$ も成り立つ」

という性質を最後に証明しよう（テクニカルなので，飛ばしてもかまわない）。

このことは，連続する平方数 m^2 と $(m+1)^2$ の間にある n については，h_n と h_{m^2} の差が無限の先では無視できるようになる，ということを示せばよい。それが分かれば，h_{m^2} が $\frac{1}{2}$ の近くに密集することから，h_n 全体も同じく $\frac{1}{2}$ の近くに密集するとわかるからである。

今，$m^2 \leq n < (m+1)^2$ としよう。$(m+1)^2 = m^2 + 2m + 1$ であることから，$0 \leq n - m^2 \leq 2m$ が仮定されたのと同じである。さて，

$$|h_n - h_{m^2}| = \left| \frac{\omega_1,\ \omega_2,\ \cdots,\ \omega_n \text{の中の H の個数}}{n} \right.$$

$$\left. - \frac{\omega_1,\ \omega_2,\ \cdots,\ \omega_{m^2} \text{の中の H の個数}}{m^2} \right|$$

$$= \left| \frac{\omega_1,\ \omega_2,\ \cdots,\ \omega_n \text{の中の H の個数}}{m^2} \right.$$

$$- \frac{\omega_1,\ \omega_2,\ \cdots,\ \omega_{m^2} \text{の中の H の個数}}{m^2}$$

$$\left. + \left(\frac{1}{n} - \frac{1}{m^2} \right)(\omega_1,\ \omega_2,\ \cdots,\ \omega_n \text{の中の H の個数}) \right|$$

と変形しておく。この変形が正しいのは，最後の式は 4

つの項から成るが,1番目の項と4番目の項が相殺して消えることでその前の式と等しいからである。

ここで,最後の($\omega_1, \omega_2, \cdots, \omega_n$ の中の H の個数)は最大に見積もっても n 個である。また,最後の式での最初の2項の引き算では,分母が同じため,分子において引き算がなされ,
「$\omega_1, \omega_2, \cdots, \omega_{m^2}$ の中の H の個数」の部分が消えて,
「$\omega_{m^2+1}, \omega_{m^2+2}, \cdots, \omega_n$ の中の H の個数」が残る。したがって,この部分は最大に見積もっても,$n-m^2$ 個である。以上から,

$$|h_n - h_{m^2}| \leq \frac{|n-m^2|}{m^2} + \left|n\left(\frac{1}{n} - \frac{1}{m^2}\right)\right| = 2\frac{|n-m^2|}{m^2}$$

ここで,最初の $0 \leq n-m^2 \leq 2m$ を思い出せば,

$$|h_n - h_{m^2}| \leq \frac{4}{m}$$

が得られる。これによって,$m \to \infty$ のとき,

$$|h_n - h_{m^2}| \to 0$$

がわかる。したがって,h_{m^2} が収束すれば,h_n も同じ値に収束することがわかった。

補足2 平方数の逆数和

途中で利用した「平方数の逆数の無限和」について説明しておこう。

$$S_n = \frac{1}{1^2} + \frac{1}{2^2} + \cdots + \frac{1}{n^2}$$

という連続する平方数（2乗の数）の逆数の和を表す数列 S_n が $n \to \infty$ のときに収束するかどうか、ということだ。

この数列 S_n は、明らかに増加する数列である。したがって、有界であること、すなわち、ある一定数を超えないことがわかれば、極限を持つことが「単調数列の収束定理」（136ページ）からわかる。有界であることは次のようにして簡単にわかる。不等式、

$$\frac{1}{k^2} < \frac{1}{(k-1)k} \quad (k \geq 2)$$

を利用する。この不等式は、

$$k^2 = k \times k > (k-1)k$$

から明らかである。これを使うと、

$$S_n = \frac{1}{1^2} + \frac{1}{2^2} + \frac{1}{3^2} + \cdots + \frac{1}{n^2}$$

$$< 1 + \left(\frac{1}{1} - \frac{1}{2}\right) + \left(\frac{1}{2} - \frac{1}{3}\right) + \left(\frac{1}{3} - \frac{1}{4}\right) + \cdots$$

$$+ \left(\frac{1}{n-1} - \frac{1}{n}\right)$$

$$= 2 - \frac{1}{n}$$

という不等式が得られる。最後の式は,S_nの値はどの番号nについても2を超えないことを示している。これで数列$\{S_n\}$は有界数列とわかった。したがって,数列$\{S_n\}$は2より小さい場所に密集点αを持ち,それが極限値であることが示された(ちなみに,この無限和の値を知りたい人は[2]を参照せよ)。

第 III 部

III

ギャンブルと期待値

第9章

期待値はリターンの目安

> 要するに、期待値とは、階段状の立体を、体積を変えないように直方体に均したときの高さ、ということなのである。(本文より)

競馬と宝くじのどちらが有利か

　世の中にはたくさんのギャンブルがある。日本で合法的に行われているものとしては、パチンコ、競馬、競輪、競艇、宝くじが代表的なものだ。資産運用をギャンブルと見なすなら、もっと多様になる。株、債券、先物、FX、為替、保険、デリバティブなど枚挙にいとまがない。

　それぞれのギャンブルは、固有の設定を持っており、それぞれに特徴がある。そうなると、ギャンブル同士を比較検討するのに、どうしたらいいか困るだろう。そこで編み出されたのが、「期待値」という目安だ。

　正式な定義はあと回しにして、この節では、期待値を最もわかりやすい形で解説しておこう。それは、ギャンブルの総還付金額を1口あたりで割った平均の還付金額だ。

　例えば、競馬では、客の総賭け金額のうち、主催者の開催費と国庫納付(税金)である25パーセントを除いた75パーセントが当たった馬券に均等に還付される。したがって、

100円の馬券に対しての還付金の平均値は75円となる。

　他方，年末ジャンボ宝くじは，1口300円で6億6千万枚が発行されている（2014年）。賞金総額をこの6億6千万口で割り算すれば，1口あたりの平均の還付金額がわかる。それは約150円。これは宝くじ1枚の価格300円の約50パーセントにあたる（詳細は，[7]を参照のこと）。

　以上を「期待値」という言葉で言い換えると，100円馬券の賞金の「期待値」は75円，300円宝くじの賞金の「期待値」は約150円ということだ。ここでいう期待値とは，「賞金総額を賭け口1口あたりに均等に配分した金額」ということになる。あるいは，こう言い直すこともできる。すなわち，「馬券や宝くじを全部買いした場合の，くじ1枚あたりの賞金額」である。

　馬券にしても宝くじにしても，1口購入の金額より賞金の期待値のほうが小さくなるが，それは当たり前で，胴元（主催者）の取り分だけ賞金が少なくなるからである。「全部買い」で考えれば，それはもっと明快であろう。

　期待値の観点から単純比較すれば，競馬のほうが宝くじよりも，かなりマシということになる。もちろん，全部買いするわけではなく，また，均等に還付されるわけではない。実際の還付金額には大きなばらつきがある。競馬では，還付される馬券は最大でせいぜい100倍程度であるが，宝くじでは100万倍くらいになるから，射幸心のくすぐり具合は異なっている。したがって，期待値以外の観点を加味すれば，人それぞれがどのギャンブルを好むか，という点が異なる可能性がある。

🎲 サイコロの期待値

馬券や宝くじでの「1口あたりの平均の還付金」という計算法を、もっと一般的な状況に使えるようにするために、次の例を考えてみよう。今、10本のくじがあり、100円が当たるものが3本、500円が当たるものが2本入っており、残りの5本は10円の賞金が当たるとしよう。このとき、「1口あたりの平均の還付金」として期待値を計算すれば、

期待値 $= (100 \times 3 + 500 \times 2 + 10 \times 5) \div 10$
$= (300 + 1000 + 50) \div 10 = 135$ 円

つまり、このくじの賞金の期待値は135円ということになる。この計算を次のように変形してみよう。$\div 10$ を $\times \frac{1}{10}$ と直して分配するのである。

期待値 $= (100 \times 3 + 500 \times 2 + 10 \times 5) \div 10$
$= 100 \times \frac{3}{10} + 500 \times \frac{2}{10} + 10 \times \frac{5}{10}$

この3つの掛け算は、みな、

(賞金額)×(それが得られる確率)

となっていることに注目してほしい。このように期待値の計算法を定義し直すと、使い勝手がよくなる。全部買いが不可能なくじでも、確率がわかれば期待値を定義できるからだ。したがって、次のように期待値を定義し直すことにしよう。

期待値 $= [$(賞金額)×(それが得られる確率)
の、賞金おのおのに対する総和$]$

このように期待値を定義すると、例えば、サイコロの出目の期待値などを計算することができる。やってみると、

（サイコロの目）×（その目が出る確率）の合計

$$= 1 \times \frac{1}{6} + 2 \times \frac{1}{6} + 3 \times \frac{1}{6} + 4 \times \frac{1}{6} + 5 \times \frac{1}{6} + 6 \times \frac{1}{6}$$

$$= 3.5$$

となる。これは，サイコロ投げでは，出た目を得点と見なす場合，平均的には 3.5 の得点が得られる，と考えられることを意味している。

ちなみに，期待値の「期待」という言葉を誤解してはならない。日本語だと，「期待する」とは，「待望する」「待ち望む」「そうだったらいいなと思う」というような意味合いがあるが，数学的な定義では，単なる「予想」を表すものである。

確率変数って何？

期待値を正式に定義するためには，先に確率変数というアイテムを定義しなければならない。まず，確率変数を解説しておこう。

確率変数というのは，「変数が値をとることに，確率が割り振られている」ような変数のことである。この定義は，高校で教わるものではあるが，これだとわかりにくいので，もっと端的な定義を行おう。確率変数とは，「標本点から実数への関数」なのである。

例えば，Ω を標本点の集合とすれば，

$$X : \Omega \to \{実数\}$$

という関数 X が確率変数である。

確率変数 X は，「世界のありよう」が決まる（Ω から 1 つ

の標本点が選ばれる)と、それに応じて実数値が1つ決まる、そういう対応関係を表すもののことなのである。

　感触を得るために、第4章で例としてあげた「明日の天気」を考えよう。この場合、標本点の集合 Ω は、

　　$\Omega = \{$晴れ, 曇り, 雨, 雪$\}$

となっていた。そして、この4個の標本点それぞれを事象に仕立てたものが根元事象であった。これらの根元事象の確率 p の一例としては、65ページで次のように割り当てられた。

　　$p(\{$晴れ$\}) = 0.4, p(\{$曇り$\}) = 0.3,$
　　$p(\{$雨$\}) = 0.2, p(\{$雪$\}) = 0.1$

確率変数 X とは、標本点が決まると、X の値が決まるものである。そこで確率変数 X を次のように定義しよう。

　　晴れ → $X=1$, 曇り → $X=2$, 雨 → $X=3$, 雪 → $X=4$

イメージ的に言うと、X は天気が悪いほど大きな数値をとる変数、ということ。X は天気の悪さを指標化したものと思えばよい。もっと関数っぽく記述したいなら、次のようになる。すなわち、ω を Ω に属する標本点とするとき、ω が与えられると値が決まる関数として $X(\omega)$ を記述する。

　　$X($晴れ$) = 1, X($曇り$) = 2, X($雨$) = 3, X($雪$) = 4,$

すると、確率は次のように逆向きに割り当てられる。

$X=1$ となる確率 → $\omega =$ 晴れ → 晴れの確率 $p(\{$晴れ$\}) = 0.4$

$X=2$ となる確率 → $\omega =$ 曇り → 曇りの確率 $p(\{$曇り$\}) = 0.3$

$X=3$ となる確率 → $\omega =$ 雨 → 雨の確率 $p(\{$雨$\}) = 0.2$

$X=4$ となる確率 → $\omega =$ 雪 → 雪の確率 $p(\{$雪$\}) = 0.1$

　この確率変数とは何か。これは要するに「天気のありようを数値に置き換える変数」である。あるいは、X の単位を万

円とするなら，「天気によって決まるホットコーヒーの売り上げを表す変数」みたいなもの，と思ってもよい。

確率変数が便利なのは，確率変数の入った式を作ると，それが事象を表すことである。

例えば，$X=4$ とすれば，これは $\omega=$「雪」を表す。また，$X \geq 3$ とすれば，これは $\omega=$「雨」または $\omega=$「雪」を表すから，事象 {雨, 雪} と同じである。

すると，X の入った式を事象と捉えたときに，その確率を求めることができる。事象の確率は p(事象) という記述をしたことを思い出そう。

$p(X=4) = p(\{雪\}) = 0.1$

$p(X \geq 3) = p(\{雨, 雪\}) = 0.3$

などとなる。

確率変数は，標本点の集合を明示的に記述しないときに便利な記法である。

🎲 コイン投げの確率変数

確率変数を理解するために，コイン 4 回投げモデルを例にとろう。

この場合，標本点の集合は，85 ページで解説した通り，

$\Omega_4 = \{\omega = (\omega_1, \omega_2, \omega_3, \omega_4)$ の集合$\}$

（ただし，各 ω_i は H または T）

である。標本点それぞれは，コイン投げで何回目が H（表）か T（裏）かを 4 回目まですべて決めたものとなっており，16 個の要素からなる。Ω_4 上の確率変数 X は，標本点 ω から実数への関数と定義される。例えば，次のようなものが一例

となる。

$X(\omega) = $「$\omega_1, \omega_2, \omega_3$ のうちの H の個数」

つまり,最初の3回のコイン投げだけに注目して,何回表が出たかを計算するものである。この X に対して,例えば,$X=2$ となる確率 $p(X=2)$ はどういう値になるだろうか。

まず,$X=2$ というのは,見た目はさっぱりそう見えないが,1つの「事象」となっていることに注意しよう。実際,$X=2$ となる標本点は,

$\{X=2$ となる $\omega\}$
$= \{3$ 回目までに H が 2 個の $\omega\}$
$= \{$(H, H, T, H), (H, H, T, T), (H, T, H, H),
　(H, T, H, T), (T, H, H, H), (T, H, H, T)$\}$

であるから,これは事象である。そして,その確率は

$$p(X=2) = \frac{6}{16} = \frac{3}{8}$$

と求まる。つまり,確率変数 X について,固定した実数 a に対する $X=a$ というのは1つの事象になるから,その確率が計算できるのである。もちろん,不等式から事象を作ることもできる。

$0 \leq X \leq 1 \Leftrightarrow \{3$ 回目までに H が 0 個または 1 個の $\omega\}$
$= \{$(T, T, T, T), (T, T, T, H), (H, T, T, T),
　(H, T, T, H), (T, H, T, T), (T, H, T, H),
　(T, T, H, T), (T, T, H, H)$\}$

$$p(0 \leq X \leq 1) = \frac{8}{16} = \frac{1}{2}$$

のようになる。

確率変数の期待値を定義しよう

準備が整ったので、正式に期待値を定義しよう。期待値とは、確率変数に定義されるものである。定義は簡単で、

確率変数 X の期待値 = [X が取り得る値 a について、
$$a \times (X=a となる確率) の和]$$
$$= a \times p(X=a) の合計$$

これを記号で $E(X)$ と記す。E は Expectation の E だ。これは、X という変数が平均的にはどんな値を取るかの目安を与える数値である。変数の値に（確率の大きさに比例した重み）を掛けて、足し算しているのだ。

次に、期待値の図形的イメージ化を行おう。それには、70ページで解説した根元事象のイメージ化を発展させたものである。

まず、先ほど例に出した天気の例で、確率変数 X についての期待値を図示してみよう。図9-1を見てほしい。立体図の直方体の底面は、事象「$X=1$」、「$X=2$」、「$X=3$」、「$X=4$」を描いている。これは、それぞれ、事象{晴れ}、{曇り}、{雨}、{雪}を表しており、各長方形の面積が確率となっている。

確率変数 X は、当然のことながら、事象「$X=1$」上では値1を取り、事象「$X=2$」上では値2を取り、事象「$X=3$」上では値3を取り、事象「$X=4$」上では値4を取っている。これらの値は、直方体の高さが取られている。したがって、この図形において、期待値の計算は、次のようになる。

まず、$1 \times p(X=1)$ は、一番左の直方体の体積となる。同

様に，$2 \times p(X=2)$，$3 \times p(X=3)$，$4 \times p(X=4)$ はそれぞれ，2番目，3番目，4番目の直方体の体積を表している。したがって，これらの和である，

Xの期待値 $= 1 \times 0.4 + 2 \times 0.3 + 3 \times 0.2 + 4 \times 0.1 = 2$

は，図の階段状の図形の体積を表しているのである。

階段状の図形の底面の面積が1であること（正規化ルール）を考えれば，Xの期待値というのは，この階段状の立体と同じ底面と同じ体積を持つ直方体の高さと一致することがわかる。要するに，期待値とは，階段状の立体を，体積を変えな

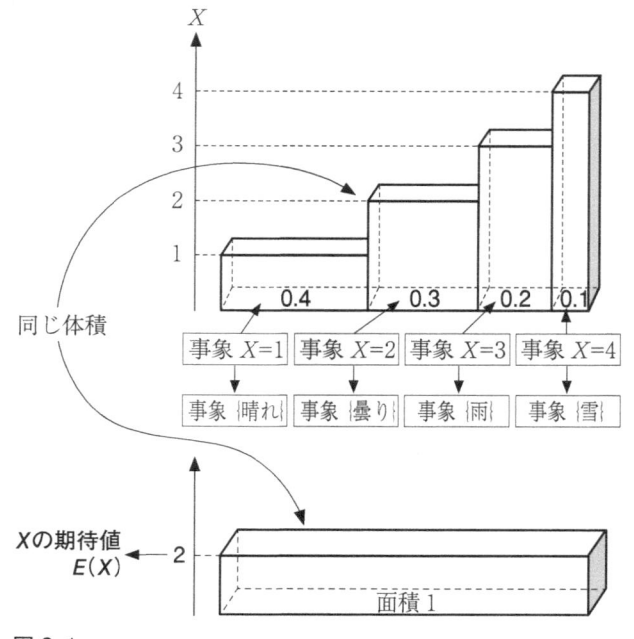

図 9-1

いように直方体にならしたときの高さ，ということなのである。これは，くじに賞金を均等配分したイメージを与えてくれることだろう。

同じことを，コイン4回投げの例でやってみよう。

$X=$「3回目までのHの回数」

であったから，事象は「$X=0$」，「$X=1$」，「$X=2$」，「$X=3$」の4種類となる。したがって，階段状の図形を描くと，図9-2のようになる。

この確率変数Xの期待値は，

$$E(X) = 0 \times \frac{1}{8} + 1 \times \frac{3}{8} + 2 \times \frac{3}{8} + 3 \times \frac{1}{8} = 1.5$$

である。

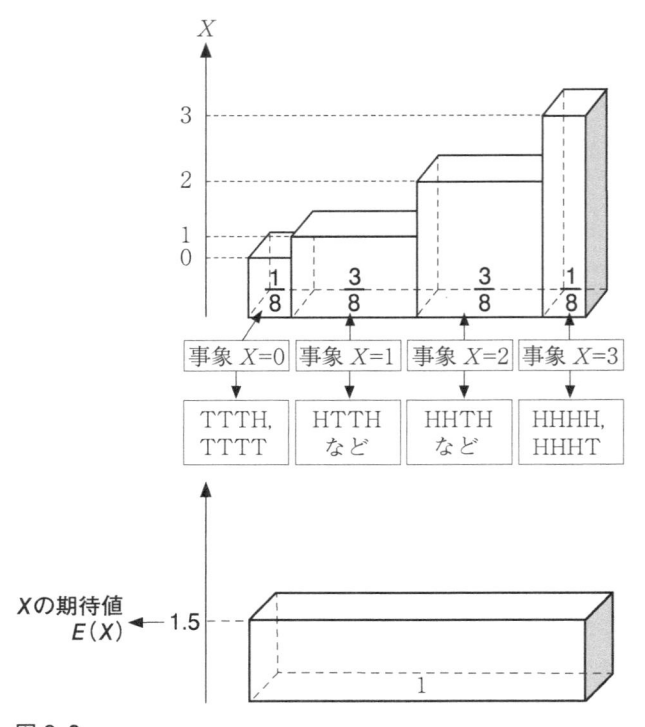

図 9-2

　確率変数の図形的イメージでとても大事なのは,「確率変数はある特定の事象の上で一定の値をとる関数となっている」という点である。このことは是非,心にとめておいて欲しい。

🎲 パスカルの問題を期待値で解く

　期待値の応用として,第1章で紹介したパスカルの問題を

第9章 期待値はリターンの目安

解こう。これは、賭けを途中でやめたら、賭け金の分配をどうしたらいいか、というものだった。

具体的な問題は、次のようなものだ。花子と太郎がじゃんけんをして、3回先勝したほうが100円もらえるとする。現在、花子が2勝し、太郎が1勝したところだが、ここでゲームを中止せざるを得なくなった。2人はいくらずつもらうべきだろうか。

第1章では、「逆向き推論」で解いたが、ここでは期待値を利用するために、確率を書き入れてある（図9-3）。

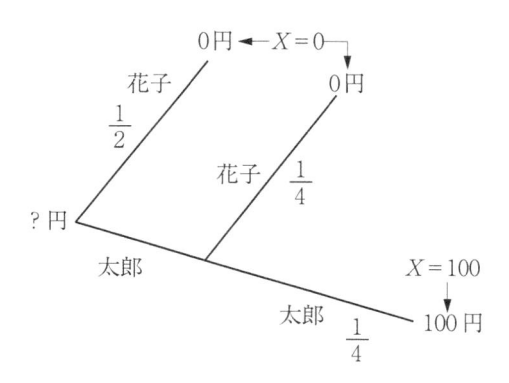

```
                0円 ← X=0
           花子/        0円
            /         /
         1/2     花子/ 1/4
          /       /
       ?円──────
          \ 太郎
            \           X=100
          太郎\        100円
                \ 1/4
```

図 9-3

太郎が受け取るべき金額は、賞金の期待値だと考えるのは自然なことである。期待値は、賭けの平均的な賞金の目安だからである。

太郎の賞金を確率変数とすれば、$X=0$ または $X=100$ である。そして、各確率は、

175

$$p(X=0) = \frac{1}{2} + \frac{1}{4} = \frac{3}{4}$$

$$p(X=100) = \frac{1}{4}$$

したがって，Xの期待値は，

$$E(X) = 0 \times \frac{3}{4} + 100 \times \frac{1}{4} = 25 \text{円}$$

となる。これは，19ページのパスカルの解答と一致している。ちなみに，この期待値を利用する解答をはじめに考案したのはフェルマーである。

🎲 サンクト・ペテルブルグのパラドクス

期待値について，18世紀のダニエル・ベルヌイが提出した重要なパラドクスがある。それは，「サンクト・ペテルブルグのパラドクス」と呼ばれるものである。

今，次のような賭けを考える。コインを投げて，最初にH（表）が出たら2円の賞金をもらえる。T（裏）が出た場合は，もう1回コインを投げる。ここでHが出たら4円の賞金がもらえる。Tだった場合は，もう1回コインを投げる。そこでHが出たら8円の賞金がもらえる。以下，同様にして，Tが出るたびに次の回の賞金が2倍になっていく，という仕組みになっている。この賭けの参加料は1億円。あなたは参加するだろうか？

多くの読者は，この賭けを持ちかけられたら，「そんなばかな」と言って，参加を拒否するだろう。実際，この賭けでは，10回連続でTを出し，11回目でHを出しても賞金はた

ったの2048円にしかならない。通常の感覚なら、コイン投げで10回も裏が出続ける、ということはほとんど経験しないことだろうし、その上、それでも賞金はたったの2048円にすぎない。

ところが、期待値を基準にするなら、この賭けには1億円の参加料を払っても参加すべき、ということになるのだ。この賭けの期待値を計算してみよう。n回目に初めてHの出る確率は$\frac{1}{2^n}$で、そのときの賞金額は2^n円だから、期待値は、

$$2 \times \frac{1}{2^1} + 2^2 \times \frac{1}{2^2} + 2^3 \times \frac{1}{2^3} + \cdots$$

$$= 1 + 1 + 1 + \cdots$$

から、無限大となる。したがって、たとえ参加料が1億円であっても参加するほうが得、と結論できる。

これがパラドクスと呼ばれるゆえんは、常識的な感覚では有利とは思えない賭けに数学的な基準からは参加すべし、となることにある。このパラドクスは、提出されて以来、多くの議論を呼び、いろいろな解決方法が提案された。その中には、その後の確率論の発展に大きく寄与したものもある。

それは、「効用」という概念を持ち込む解決方法である。人々が、賞金の額面に比例して快楽を見いだすわけではなく、その桁数に比例して快楽を見いだすとすれば、この賭けの「快楽の期待値」は有限になる。それが確実に手にできる1億円の快楽より小さいことは十分にありうる、というものだ。これは、人間が賞金の額面でなく、それがもたらす効用（快楽）に変換したあとで期待値を計算し、それを基準に賭

けの行動を行う、と考えるものだ。この発想は後に、経済学における「期待効用理論」という重要な理論に結実することとなった（拙著［6］参照）。

以下、このパラドクスに対する、筆者の個人的な見解を述べる。

「確率」というものを、「無限回試行の中に実体化する数値」とする頻度論的確率の立場に立ってみよう。すると、「確率」と賞金額を掛けて足し算する期待値というのも、無限回の試行の中で実体化するもの、と言わなければならないだろう。ところが、サンクト・ペテルブルグの賭けは、その賭け自体が「無限回のコイン投げを要する」ものである。したがって、この賭けの期待値を計算するためには、「無限回の行為によって成立する1回の賭けを、無限回寄せ集めて考える」ということが必要になる。ここには、「無限の無限」「二重の無限」がある。このような複雑な概念の中での期待値の正当化というのは、頻度論的確率の射程さえはるかに超えており、数学的な整合性はともかくとして、人間が用いる判断基準としての適用性に大きな疑問が残ると言えよう。

マルチンゲール戦略

サンクト・ペテルブルグのパラドクスと表裏一体を成すパラドクスがある。それは、賭けの必勝法に関するもので、「マルチンゲール」と呼ばれるものである。

今、勝率がゼロでないような賭けがあったとしよう。この賭けでは、胴元に勝った場合は、賭け金と同じ額を賞金として得られ、負けた場合は賭け金が没収される。この賭けに対

して，次のような賭け方をするのが「マルチンゲール」と呼ばれる戦略である．すなわち，最初に1円を賭ける．負けたら，次は2円を賭ける．また負けたら，次は4円を賭ける．以下，負け続けるかぎり，賭け金を倍々に増やしていくのだ．そして，勝ちに至ったら，再度賭け金を1円に戻して，同じことを繰り返す．

　この賭け方をすると，n回目まで負けて，$n+1$回目に勝った場合，得られる賞金は2^n円であり，それまでの負けで失った賭け金は，

$$1 + 2^1 + 2^2 + \cdots + 2^{n-1} = 2^n - 1 \text{ 円}$$

であるから，負けをすべて取り返した上で，1円の利益を得ていることになる．

　勝率がゼロでないかぎり，非常にたくさんの回数を賭ければ，いずれ勝ちが来るだろう．実際，無限回負け続ける確率は0である．すると，勝った時点で1円の利益を得られるのだから，これを繰り返せば，無限の利益を得ることができる．

　一読しただけで，これがサンクト・ペテルブルグのパラドクスと表裏一体のロジックであることが見てとれるだろう．どちらも，非常に確率が小さいが非常に大きな利益をもたらす現象を土台にしているからである．

　この戦略が「マルチンゲール」と呼ばれる由来は，馬具にあるとのことだ．鼻革から前肢の間を通って馬の頭を下げておくための革紐を言うらしい．それがなぜ，賭けの戦略の言葉になったのかは不明である．

　面白いことに，この戦略を好んで使うギャンブラーは現実

にけっこういるそうだ。彼らは運良く利益をあげることもあるが，多くの場合は，途中で破産してしまう。なぜなら，賭け金を倍々に膨らませていくと，賭ける金額はねずみ算式に大きくなっていき，あっという間に資金を失ってしまうからである。

　マルチンゲールが必勝戦略と呼べない理由はこの点にある。資金が無限にないとうまくいかないのだ。

　ところが，資金が無限でなくとも無限に利益をあげることができる，そんな賭けの戦略が今世紀になって発見された。ただしそれは，「大数の強法則」が成り立たない場合に限り利用できる戦略であるが。このことについては，最終章で解説することにしよう。

　また，このマルチンゲール戦略の研究から20世紀に生まれた確率理論がある。それが同一名称を持つ「マルチンゲール理論」というものなのだ。これについては，次章で解説する。

第10章

公平なギャンブルとマルチンゲール

> マルチンゲールというのは、確率変数の持つ性質であり、おおざっぱには、「情報増大系に関して、現在の情報で未来の確率変数の推測をしても、今わかっていること以上には何も得られない」ことをいう。(本文より)

🎲 賭けの公平性

前章の最後に、マルチンゲール戦略というものを紹介した。これは、負けている限り、賭け金を倍々に増やしていく戦略で、数学的にはいつかすべての負けを取り返し、プラスの収益を得ることができる、ということだ。ただし、この戦略で確実に儲けるためには、自己資金が無限大にあるか、あるいは、無限に借金ができなければならない。現実には、そんなことはありえないので、この戦略を用いる人のほとんどは破綻をしてしまう。

公平な賭けである限り、「絶対に儲かる」などという戦略はない、というのが私たちの通念だ。数学でもなんとかこのことをきちんと定式化したい、と考えられてきた。そこで生み出されたのが「マルチンゲール理論」である。「マルチンゲール」という言葉は、もちろん、倍々に賭ける戦略を指す言葉に由来するが、「理論」と付けた場合には反対の意味に使われている。すなわち、誰かが絶対的に得をするようなこ

とのない公平な賭けのプロセスを表現するものなのである。

🎲 情報によって確率は変化する

マルチンゲール理論は，賭けが時系列で展開していく様子を表現するものだ。不確実性を時系列で記述する理論は「確率過程」と呼ばれる。そして，賭けが時系列で展開する，ということは，賭け主の置かれている状況が刻々と変わっていく，ということである。この際，賭け主の置かれた状況を表現する「情報の記述」が重要になってくる。マルチンゲール理論を説明するには，まず，「情報」を確率に取り込む方法について解説しなければならない。

「情報」を確率の文脈で扱うには，「情報が得られたときに確率が変化する」という性質を確率モデルに導入する必要がある。

わかりやすい例で説明するなら，次のような場合だ。商店街の福引きを考えよう。1等はたった1つ入っている金の球が出た場合で，商品はハワイ旅行とする。このとき，前に並んでいた人が金の球を出さなかったなら，（福引き箱に球が追加されない限り）自分が金の球を出す確率は大きくなるだろう。逆に，前に並んでいる人が金の球を出してしまったら，もう自分がハワイ旅行を当てる確率は0になってしまったとわかる。このように，1人目の球の色→2人目の球の色→…と球の色が判明するごとに，不確実性がほどけて，自分の置かれている状態がはっきりしてくることになる。これは賭けの展開を扱う上でとても大事な考え方となる。

ちなみに，エドワード・ソープというアメリカの数学者は，

カジノにおけるブラックジャックの必勝法を発見して大儲けをした。その戦略は，ブラックジャックではディーラーが配るカードの残りが減っていくことから，不確実性がほどけていくことを利用したのであった（拙著［18］参照）。

情報で確率が変化する，ということを，最も簡単な例で示してみよう。いま，目の前にトランプが1枚伏せられていれば，「そのマークがスペードである」確率は4分の1と推論するのが自然だ。しかし，ある人が「そのカードのマークは黒いですよ」と教えてくれたなら，もはや，「マークがスペードである」確率は4分の1ではなくなる。なぜなら，ハートやダイヤのマークである可能性がなくなったからである。「黒いマーク」という「情報」を得た下では，スペードである確率は2分の1になった，と考えるのが自然であろう。つまり，情報によって確率は変化する，ということである。この例を記号で表現すると，次のようになる。

$$p(\spadesuit) = \frac{1}{4} \rightarrow 黒という情報 \rightarrow p(\spadesuit \mid 黒) = \frac{1}{2}$$

この記号の意味は次節で詳しく説明する。「情報」を確率に取り込むためには，「条件付確率」という新しい概念を導入しなければならない。

🎲 サイコロ投げを例に条件付確率を定義しよう

「条件付確率」は高校数学で教わるもので，知っている読者も多いだろうが，重要なので詳しく説明しておこう。再度，サイコロ投げの確率モデルを使う。

いま，サイコロを1個，ふたをした箱の中に入れて，ゆさ

ぶって中で転がしたとする。そして，箱の中のサイコロが何の目を出しているかについて推測したい。ここでは，サイコロの目が偶数であるという事象 E の確率を考えよう。事象 E は，

$E = \{2, 4, 6\}$

と表現される。事象 E の確率は，当然，

$p(E) = \dfrac{3}{6} = \dfrac{1}{2}$

である（69ページ）。

　しかし，ここで，第三者が箱のふたを開けて中をのぞいたとしよう。その第三者が「6じゃないよ」という「情報」を与えてくれたなら，確率はどうなるだろうか。当然，6の目の可能性が消えたことから，確率についての見積もりは変化するべきだろう。このような，「6でない」という情報を得た場合の「偶数である」確率のことを，条件付確率と呼ぶのである。
「6でない」という事象を F と記せば，

$F = \{1, 2, 3, 4, 5\}$

である。このとき，事象 F （6でない）が起きているという情報の下での事象 E （偶数）の確率を，「事象 F の下での事象 E の条件付確率」と呼び，記号では，

$p(E|F)$

と記す。$p(\ |\ )$ という記号において，仕切りの前は「確率を見積もりたい事象」を示し，仕切りの後が「得られている情報である事象」を示す。

　この条件付確率 $p(E|F)$ の値を求めるには，図10-1のよ

第10章 公平なギャンブルとマルチンゲール

うに面積図で考えれば、ごく自然な計算が得られる。

図のように、何の情報もないときは、事象 E は全体の半分の面積を占めているので、その確率 $p(E)$ は、2分の1になっている。ところが、「6でない」という事象 F が起きていることを情報として得たので、注目すべき全体は事象 F になった。このことにより、2つの変更点が出現する。

第1の変更点

　事象 F が全体となったのだから、事象 F の確率が1として再設定されるべき（正規化条件）。つまり、F の面積が1だと見なす。

第2の変更点

　事象 F に世界が限定されたのだから、事象 E も事象 F との共通部分に限定して確率を考えるべき。すなわち、注目している事象は、

（グレーの部分が、事象 E、すなわち偶数）

事象 F（6でない）という情報の入手

事象 F

事象 E と事象 F の重なり（$E \cap F$）

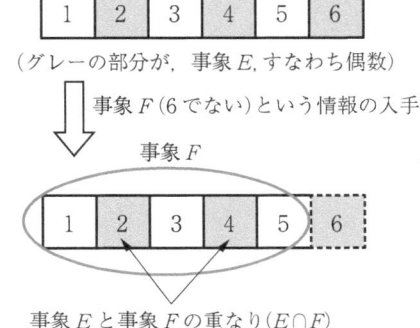

何も情報がないときは、
$$p(E) = \frac{3}{6} = \frac{1}{2}$$

全体が $F = \{1, 2, 3, 4, 5\}$ に変化する。事象 F の中で事象 E が重なっている部分は、全体 F の5分の2を占める。したがって、
$$p(E \mid F) = \frac{2}{5}$$
と計算される。

図 10-1

E と F の重なり $= E \cap F = \{2, 4\}$

となる（∩記号については，74ページ参照）。

以上の2つの変更によって，求めたい確率 $p(E|F)$，すなわち，事象 F が起きているという情報の下での E の条件付確率は，F を全体と考えた上での「E と F の重なり」が F の中に占める割合，ということになる。したがって，

$$p(E|F) = p(\{2, 4\}) \div p(\{1, 2, 3, 4, 5\}) = \frac{2}{6} \div \frac{5}{6} = \frac{2}{5}$$

と計算される。この計算は結局，

(E と F の重なりの面積) ÷ (F の面積)

という割り算と同じである。ここでも，「確率は面積だ」という見方が活かされるわけだ。

この場合，情報 F がない場合には，E の確率が2分の1（$=0.5$）だったが，情報 F を得たことで，「6という可能性が消えた効果」と「全体が5通りと少なくなった効果」とが両方影響して，結局，E の確率は5分の2（$=0.4$）と小さくなった。「6の可能性がない」という情報は，全体から1つ可能性を消し，「偶数」からも1つ可能性を消すが，後者の影響のほうが大きかった，ということである。

要するに，条件付確率とは，「得られた情報である事象」が全体となるよう再設定する。その上で，可能性がないとわかった標本点をもとの事象から取り除いた上で，改めて比例関係を作ったものなのである。

公式としてまとめよう。

条件付確率の公式

事象 B という情報を得た下での事象 A の条件付確率 $p(A|B)$ は，次の式で定義される。

$$p(A|B) = \frac{p(A \cap B)}{p(B)}$$

🎲 期待値も条件付にできる

条件付確率とは，情報が入ったことで置かれている不確実な環境の一部がほどかれ，ある標本点は起きてない，ということがわかり，それに伴って推論が変化する様子を記述するものだった。これは，期待値についても応用できる。期待値というのは，確率変数（167ページ）が平均的にどんな数値をとるかの目安を与えるものだった。したがって，情報が与えられれば，確率の割り振りが変わり，期待値も変わるのは当然である。

ある事象 F が起きたという情報の下では，確率をすべて条件付確率に変更して，確率変数 X の期待値を計算し直せばよい。これを「条件付期待値」と呼ぶ。ちなみに，条件付期待値は高校では教わらない。

例として167ページで扱ったサイコロの期待値を取り上げる。この場合，確率変数 X は，出た目をそのまま X の値とする，自然なものである。例えば，$\omega = 3$ なら $X = 3$ である。

これに対して期待値は，

X の期待値 $E(X)$

$= 1 \times p(X=1) + 2 \times p(X=2) + 3 \times p(X=3)$
$\quad + 4 \times p(X=4) + 5 \times p(X=5) + 6 \times p(X=6)$

$= 1 \times \dfrac{1}{6} + 2 \times \dfrac{1}{6} + 3 \times \dfrac{1}{6} + 4 \times \dfrac{1}{6} + 5 \times \dfrac{1}{6} + 6 \times \dfrac{1}{6}$

$= 3.5$

と計算された。ここで，

　　事象 $F =$ 「6 でない」$= \{1, 2, 3, 4, 5\}$

という情報が入手されたとしよう。このとき，事象 F の下での各事象の条件付確率は，以下のようになる。

$p(X=1 \mid F) = p(X=2 \mid F) = p(X=3 \mid F)$

$= p(X=4 \mid F) = p(X=5 \mid F) = \dfrac{1}{5}$,

$p(X=6 \mid F) = 0$

最初の 5 つの値は，全事象が 5 通りになったことから出てきて，後者の値は $X=6$ の可能性が消えたことから出る。したがって，事象 F の下での確率変数 X の条件付期待値は，

$1 \times p(X=1 \mid F) + 2 \times p(X=2 \mid F) + 3 \times p(X=3 \mid F)$
$\quad + 4 \times p(X=4 \mid F) + 5 \times p(X=5 \mid F) + 6 \times p(X=6 \mid F)$

$= 1 \times \dfrac{1}{5} + 2 \times \dfrac{1}{5} + 3 \times \dfrac{1}{5} + 4 \times \dfrac{1}{5} + 5 \times \dfrac{1}{5} + 6 \times 0$

$= 3$

と求められる。「6 でない」という情報は，サイコロの目が大きくないことを教えてくれるので，期待値は小さくなった。

第10章 公平なギャンブルとマルチンゲール

この条件付期待値を記号で $E(X|F)$ と記す。すなわち,

条件付期待値 $E(X|F)$

= [$k \times p(X=k|F)$ のすべての k に対する合計]

ということである。

🎲 新しい確率変数が生まれる

条件付期待値の大事な点は,「条件付」とすることによって別の新しい確率変数が定義できる, ということだ。このことを理解するには, コイン投げモデルが適切なので, コイン2回投げモデルで説明することとしよう。

今, コイン投げで1回目にT(裏)が出たら1点, H(表)が出たら2点もらえ, 2回目にTが出たら2点, Hが出たら4点もらえる賭けを考えよう。この賭けに2回参加するものとする。1回目の得点を表す確率変数を X, 2回の合計得点を表す確率変数を Y と記すことにしよう。

このとき,

$Y=3 \Leftrightarrow \omega = (T, T)$, $Y=4 \Leftrightarrow \omega = (H, T)$,

$Y=5 \Leftrightarrow \omega = (T, H)$, $Y=6 \Leftrightarrow \omega = (H, H)$

したがって, Y の期待値は,

$$\begin{aligned} E(Y) &= 3 \times p(Y=3) + 4 \times p(Y=4) + 5 \times p(Y=5) \\ &\quad + 6 \times p(Y=6) \\ &= 3 \times \frac{1}{4} + 4 \times \frac{1}{4} + 5 \times \frac{1}{4} + 6 \times \frac{1}{4} \\ &= 4.5 \end{aligned}$$

と計算される。これは確率変数 Y が平均的には 4.5 という値を取る, という目安を与えてくれる。ところがここで, 確率変数 X(1回目の得点)の値を情報として与えられれば, Y

の見積もりは変化するはずだ。なぜなら，$X=1$ と知れば，Y は何も情報がないときより小さな数値だろうと推測できるし，$X=2$ と知れば，Y は大きい数値だろうと推定できるからである。したがって，X の数値が情報として与えられれば，Y の期待値は変化して当然である。それが条件付期待値，というわけなのだ。以下，これをきちんと計算してみよう。

　もう一度，$X=1$ や $X=2$ が事象であることに注意しておく。実際，

$$X=1 \Leftrightarrow \{(T, T), (T, H)\}, \quad X=2 \Leftrightarrow \{(H, T), (H, H)\}$$

したがって，事象 $X=1$ を与えられたときの Y の条件付期待値は，

$$\begin{aligned} E(Y|X=1) &= 3 \times p(Y=3|X=1) + 4 \times p(Y=4|X=1) \\ &\quad + 5 \times p(Y=5|X=1) + 6 \times p(Y=6|X=1) \\ &= 3 \times \frac{1}{2} + 4 \times 0 + 5 \times \frac{1}{2} + 6 \times 0 \\ &= 4 \end{aligned}$$

事象 $X=2$ を与えられたときの Y の条件付期待値は，

$$\begin{aligned} E(Y|X=2) &= 3 \times p(Y=3|X=2) + 4 \times p(Y=4|X=2) \\ &\quad + 5 \times p(Y=5|X=2) + 6 \times p(Y=6|X=2) \\ &= 3 \times 0 + 4 \times \frac{1}{2} + 5 \times 0 + 6 \times \frac{1}{2} \\ &= 5 \end{aligned}$$

　見てわかるように，$X=1$ と分かれば，Y の条件付期待値は小さくなり，$X=2$ と分かれば，Y の条件付期待値は大きくなる。これは，見方を変えると，「Y の条件付期待値は X

の値に応じて値が決まる関数だ」ということだ。Xは確率変数であったから、標本点ωによって値が決まるものだ。したがって、Yの条件付期待値もωによって値が決まるものとなるので、確率変数の一つとなるのである。図式的に書くと、

　　ωが決まる

　　→Xの値がkと決まる

　　→Yの条件付期待値$E(Y|X=k)$の値が決まる

という連鎖関係になる。したがって、Xの下でのYの条件付期待値を、Xの値kにかかわらず一括して扱って$E(Y|X)$と記すなら、条件付期待値$E(Y|X)$は、新しい確率変数と仕立てられる。そして、この新しい確率変数は、Xの値が同じになる標本点ωすべてに対して、同じ値を取る（$X=k$上では一定になる）。

🎲 不確実性がほどけるフィルトレーション

　図でわかるように、Xを与えた下でのYの条件付期待値とは、事象$X=1$上で階段図形（左の2つ）の体積を直方体に均し、$X=2$上で階段図形（右の2つ）の体積を直方体に均したものとなる（図10-2）。

不確実性がほどけるフィルトレーション

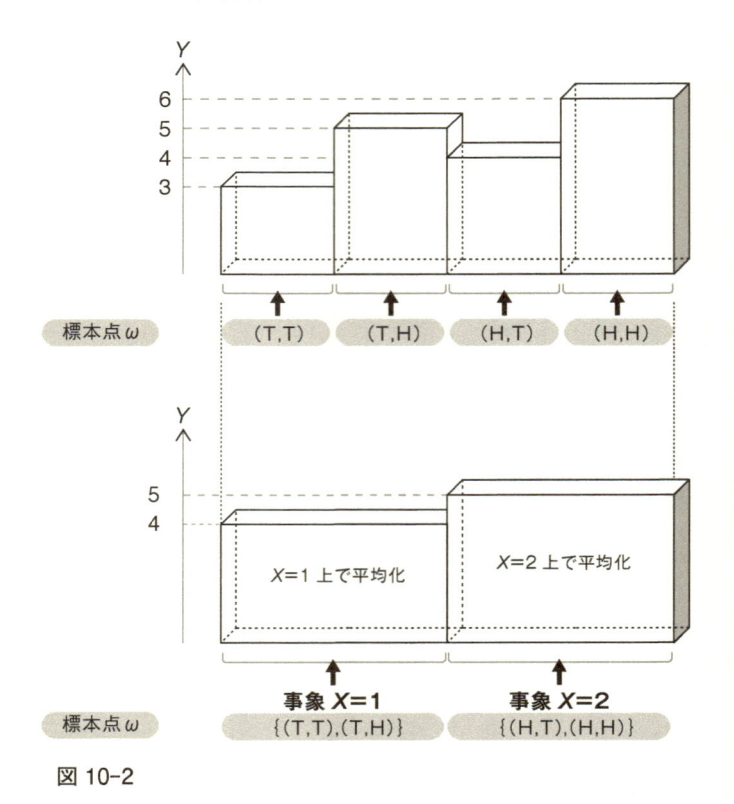

図 10-2

したがって，事象「$X=1$」$=\{(T, T), (T, H)\}$ の各標本点では一定値 4 を取り，事象「$X=2$」$=\{(H, T), (H, H)\}$ の各標本点では一定値 5 を取るようになっている。

以上のことを賭けの展開において解釈すると，大事なことが見えてくる。コインを 1 回も投げないうちは，何も情報が

ないから、賭け主は、{(T, T), (T, H), (H, T), (H, H)} のどの標本点に直面しているかわからない。したがって、全事象

　　{(T, T), (T, H), (H, T), (H, H)}

をひとまとめに扱うしかなく、その上の4つの標本点で確率変数 Y の値が異なっているから、Y がどの値を取るのかについて何も確実なことは言えない。期待値 $E(Y)$ として 4.5 が出るだろうという目安を持っているのみである。

しかし、1回目のコイン投げが行われたあとでは、1回目の結果がTかHかが判明し、情報として得ているから、Tが観測されている場合には、事象

　　{(T, T), (T, H)}

のどちらかの標本点に直面しているとわかり、Hが観測された場合には、事象

　　{(H, T), (H, H)}

のどちらかの標本点に直面しているとわかる。つまり、最初のときよりも、不確実性がほどけて、状況が少しだけ明らかになっているわけである。したがって、期待値も図10-2の下図のように、空間 {(T, T), (T, H)} 上の場合の期待値と、空間 {(H, T), (H, H)} 上の場合の期待値と、2つの値に分離して表現することができる。

このように、時系列で展開する賭けでは、標本点についての情報がだんだん細分化されて、そのどの区域の上にいるかが賭け主に分かるようになっていく。これを専門の言葉で「フィルトレーション」とか「情報増大系」などと呼ぶ（図10-3）。

フィルトレーション

```
情報が何もない。
{(T,T), (T,H), (H,T), (H,H)}

どれに直面しているか
わからない(不確実性)。
```

⇒

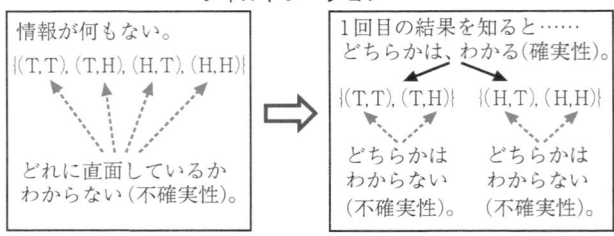

```
1回目の結果を知ると……
どちらかは、わかる(確実性)。
{(T,T), (T,H)}    {(H,T), (H,H)}

どちらかは          どちらかは
わからない          わからない
(不確実性)。        (不確実性)。
```

図 10-3

　フィルトレーションの社会での応用で重要なのは，資産運用の理論（ファイナンス理論）である。例えば，政治家や中央銀行総裁の発言によって，投資環境の一部がほどけて，フィルトレーションが生じる。これを運用の戦略に利用するのは，投資というギャンブルでは当然であろう。

🎲 マルチンゲールという性質

　準備が整ったので，いよいよマルチンゲール理論の解説に入ろう。

　マルチンゲールというのは，確率変数の持つ性質であり，おおざっぱには，「情報増大系に関して，現在の情報で未来の確率変数の推測をしても，今わかっていること以上には何も得られない」ことをいう。これは具体例を見たほうがわかりやすいので，例を使って詳しく解説しよう。

　いま，コイン投げに関して，コインの面（HかTか）を当てたら賭け金と同額を受け取り，はずれたら賭け金を失うような賭けを考えよう。このとき，賭けの戦略は，どの回に

第10章 公平なギャンブルとマルチンゲール

いくらの金額を賭けるか,ということになる。この際,「戦略」というのは,1回前までの賭けの勝ち負けに依拠して行うことができることを言う。例えば,

　「毎回1円ずつ賭ける」 …①

は一つの戦略である。また,

　「1円,2円と交互に賭ける」 …②

も一つの戦略である。さらには,

　「1回目は1円を賭け,その後は,前の回に勝ったら1円,負けたら2円賭ける」 …③

や,前章で紹介した

　「負けている限り賭け金を倍に増やし,勝ったら1円からまた賭ける」 …④

というマルチンゲール戦略も戦略である。

　確率変数を使って,この賭けを表現してみる。

　まず,n回目の賭けの結果を表す確率変数をX_nと設定しよう。これは,1か-1の値を取る確率変数で,

　　$X_n = 1$　⇔ n回目の賭けに勝つ

　　$X_n = -1$ ⇔ n回目の賭けに負ける

と定義される。この場合,コイン投げの帰結を表す標本点ωを,(T, Hの並んだ列ではなく)勝ち$+1$と負け-1の並んだ列だと解釈し直している。

　このとき,賭けの戦略を意味する賭け金は,次のように設定される。n回目に賭ける金額をf_nと記すことにするなら,n回目の賭け金f_nは,$n-1$回目までの情報だけを使って決めるのである。

　戦略①については,

195

$f_n = 1$ （すべての n に対して）

で表現できる.

戦略②については,

$f_n = 1$ （n が奇数のとき）, $f_n = 2$ （n が偶数のとき）,

と表現できる.

戦略③については,

$f_n = 1$ （$n = 1$ のとき）, $f_n = 1$ （$n \geq 2$ で $X_{n-1} = 1$ のとき）,

$f_n = 2$ （$n \geq 2$ で $X_{n-1} = -1$ のとき）,

と表現できる.

そして,マルチンゲール戦略④については,

$f_n = 1$ （$n = 1$ のとき）,

$f_n = 1$ （$n \geq 2$ で $X_{n-1} = 1$ のとき）,

$f_n = 2^k$ （$n \geq 2$ で $X_{n-1} = -1, \cdots, X_{n-k} = -1, X_{n-k-1} = 1$ のとき）,

と表すことができる.

所持金0でこの賭けに参加した賭け主が,賭けの戦略 $\{f_n\}$ を,①〜④のどれでもいいし,他の何かでもいいが,ともかく特定のものに固定して賭けをスタートしたとしよう. n 回目が終了した後の賭け主の所持金を Y_n と記す. ちなみに, Y_n が負の場合は,賭け主は借金をしている状態にあることを表すとする.

賭け主の所持金を表す Y_n は確率変数になることに注意しよう. 賭けの戦略 $\{f_n\}$ が固定されているとき,賭けの展開を表す ω が決まれば,所持金 Y_n がどういう数値になるかが決まってしまうからである. 具体的には, Y_n は次の式で表すことができる.

第10章 公平なギャンブルとマルチンゲール

$$Y_n = f_1 X_1 + f_2 X_2 + \cdots + f_n X_n \quad \cdots ⑤$$

実際, 1回目に賭けで勝てば, $X_1 = 1$ で賞金 f_1 を得るし, 1回目に賭けで負ければ, $X_1 = -1$ で借金 f_1 ($-f_1$ の賞金と解釈する) を背負うから, $f_1 X_1$ が1回目の所持金を表すものとなる。2回目まで考えれば, 所持金は $f_1 X_1 + f_2 X_2$ となる。

以上のような設定において, Y_n の条件付期待値について, 次の性質が必ず成り立つ。

$$E(Y_{n+1} | X_1, X_2, \cdots, X_n) = Y_n \quad \cdots ⑥$$

つまり, 1回目からn回目までの賭けの帰結 $X_1, X_2, \cdots, X_n$ を情報 (事象) として与えられたときの $(n+1)$ 回目の所持金 Y_{n+1} の条件付期待値は, 確率変数としてn回目の所持金 Y_n と一致している, ということである。これを言葉で解釈するなら, n回目までの情報 (賭けの勝ち負けの経緯) を使って, $n+1$ 回目の賭け方をどのように決めても, 平均的には所持金は増えも減りもしない, ということだ。

この⑥式が成り立つことを,「$\{Y_n\}$ は $\{X_n\}$ に関してマルチンゲールである」, と言う。マルチンゲールというのは, 期待値の観点では, 有利とも不利とも言えない公平な賭けであることを意味している。戦略①, ②, ③, ④を含む, あらゆる戦略 (ただし, 1回前までの情報しか利用しないもの) に対して, $\{Y_n\}$ は $\{X_n\}$ に関してマルチンゲールになることが証明できる。特に, 賭け金を倍々に増やすマルチンゲール戦略④に対しても, マルチンゲールという性質⑥が成り立つことから, この戦略が必勝戦略ではないという1つの根拠が与えられることになる。証明は次節で改めて与えよう。

🎲 マルチンゲール戦略はマルチンゲール

 それでは,「$\{Y_n\}$ は $\{X_n\}$ に関してマルチンゲールである」ということを表す⑥式を証明することとしよう。ただし,一般的な戦略 $\{f_n\}$ に対する証明も,特定の $\{f_n\}$ に対する証明もたいして変わらないので,$\{f_n\}$ をマルチンゲール戦略④として,証明を与えることとする。さらには,一般的な n でやっても,具体的な回数でやっても大差ないので,3回の賭けで見ることにしよう。計算したいのは,次の式だ。

$E(Y_3|X_1, X_2)$ (ただし,戦略 $\{f_n\}$ は④で与えられる) …⑦

つまり,マルチンゲール戦略④を使って,2回目までの情報で3回目の賭け方を決めた場合の,3回目の所持金の条件付期待値を求める,ということである。

 図10-4は,2回目までの勝負の結果別に2回目終了後の所持金と3回目の賭け金をグラフにしてある。例えば,($+1, +1$) は,2回続けて勝つことを意味し,したがって,1回目の賞金1円と2回目の賞金1円とで所持金は2円になっている。このとき,3回目の賭け金は1円となる。($-1, -1$) は,2回続けて負けることを意味し,したがって,1回目の賞金 -1 円,2回目の賞金 -2 円とで所持金は -3 円(3円の借金)になっている。このとき,3回目の賭け金は4円となる。

 図10-5は,3回目の結果後の所持金のグラフである。

 図10-5において,点線の縦線でくぎってあるのは,2回目の勝負まででのフィルトレーションである。条件付期待値⑦は,このフィルトレーションによって計算されるものだか

ら，各ブロックで計算すれば，図 10-6 のようになる。要は 4 つのブロック（フィルトレーション）それぞれで，棒の高さを均す（足して 2 で割る）ことをすればよいのである。

この賭けでは，3 回目の賭けで所持金がどうなるかはわからないが，3 回目の賭けをする時点で，4 つのブロックのどこにいるかはわかる（フィルトレーション）。したがって，ブロック別での所持金の期待値が，2 回目の終わった時点での 3 回目が終わった後の所持金の期待値を教えてくれるものである。それは図 10-6 の棒の高さに示されており，これが条件付期待値⑦を示すものだ。このグラフと，図 10-4 における左側の棒（グレーの部分）の高さを比べてみよう。全く同一であることを発見できる。つまり，2 回目までの賭けの帰結を与えられたときの 3 回目が終わった後の所持金の期待値は，2 回目後の所持金 Y_2 と確率変数として全く一致しているのである。つまり，

$$E(Y_3 \mid X_1, X_2) = Y_2$$

という式が成り立つことがこの図で具体的に確かめられた。これによって，所持金を表す確率変数 $\{Y_n\}$ が賭けの結果 $\{X_n\}$ に関してマルチンゲールであることがわかった。これは，前章で紹介した「マルチンゲール戦略のパラドクス」に関する一つの数学的な解決と言っていい。

なぜ，この性質が成り立つのかというと，フィルトレーションの各区切りの中における 2 回目の所持金からの，高くなる棒の増加分と低くなる棒の減少分が同一であり，均してみれば棒の高さが変化しないからである。当たり前といえば，当たり前のことだ。

図 10-4

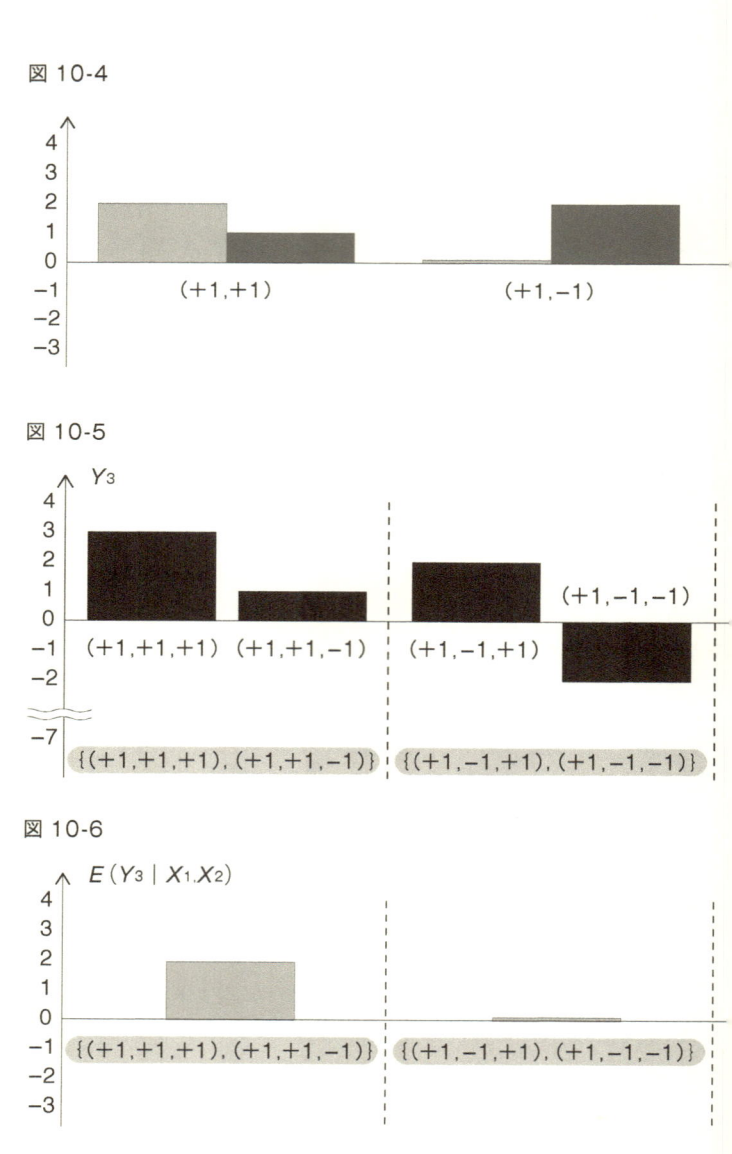

(+1,+1)   (+1,−1)

図 10-5

Y_3

(+1,+1,+1) (+1,+1,−1) (+1,−1,+1) (+1,−1,−1)

{(+1,+1,+1), (+1,+1,−1)}   {(+1,−1,+1), (+1,−1,−1)}

図 10-6

$E(Y_3 \mid X_1, X_2)$

{(+1,+1,+1), (+1,+1,−1)}   {(+1,−1,+1), (+1,−1,−1)}

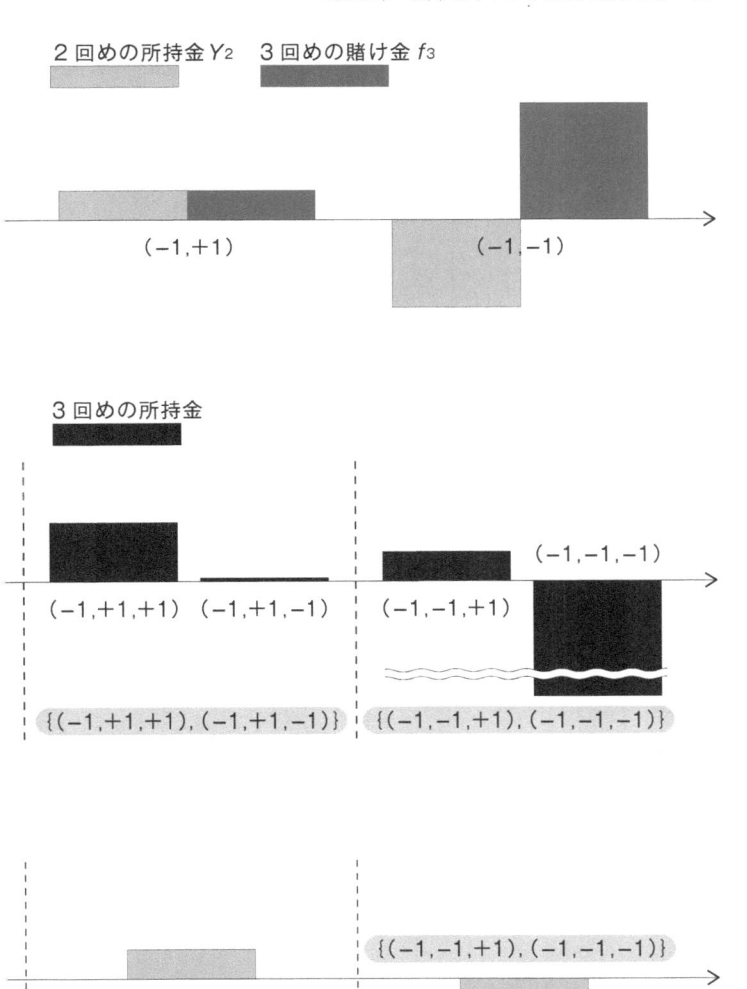

第10章 公平なギャンブルとマルチンゲール

2回めの所持金 Y_2　3回めの賭け金 f_3

$(-1,+1)$　　　　　　　　$(-1,-1)$

3回めの所持金

$(-1,+1,+1)$　$(-1,+1,-1)$　　$(-1,-1,+1)$　　$(-1,-1,-1)$

$\{(-1,+1,+1), (-1,+1,-1)\}$　$\{(-1,-1,+1), (-1,-1,-1)\}$

$\{(-1,-1,+1), (-1,-1,-1)\}$

$\{(-1,+1,+1), (-1,+1,-1)\}$

201

マルチンゲール理論の威力

マルチンゲールは、コイン投げに固有のものでなく、一般の確率変数に対しても定義されるものである。すなわち、一般に

$$E(Y_{n+1} | X_1, X_2, \cdots, X_n) = Y_n$$

が成り立つような確率変数 $\{Y_n\}$ を、確率変数 $\{X_n\}$ に関してマルチンゲールであると言う。マルチンゲールとは、知りうる過去の情報を利用しても賭けを有利にも不利にも導けないようなもののことで、公平な賭けを意味するものだ。

マルチンゲール理論は、ドゥーブという数学者が発展させたものである。ドゥーブらの研究によって、マルチンゲール理論が非常に強い数学的なパワーを持っていることが次第に明らかになっていった。例えば、大数の強法則は、マルチンゲール理論を使うと非常に明快な証明を与えることができる。また、デリバティブと呼ばれる現代の金融商品(第1章で例を述べた)の価格付けにもこの理論は有効である。

日本には、伊藤清という世界的に有名な確率論の学者がいる。伊藤は、「伊藤積分」と呼ばれる確率積分(確率微分方程式とも呼ばれる)の発見で世界にその名をとどろかせた。伊藤によれば、マルチンゲールの語源となっている馬具がパリのレストランの柱に飾りとしてかけられているのを目撃したそうだ。そして、それがマルチンゲールというものである、と教えてくれたのが、他でもない、ドゥーブだったそうである。ドゥーブは、別の宴席の挨拶のときにも、レストランに飾られているマルチンゲールを指して、「やがて、解析

も数学もマルチンゲール論となるであろう」と述べた。そのときは，その場にいた伊藤を含む多くの数学者たちは，ドゥーブ一流の冗談だと思ったそうだ。

しかし，その後，ドゥーブの予言通り，数学の多くの分野にマルチンゲール理論は浸透していった。解析学の問題でも，マルチンゲールの観点から眺めると明快になるものが見られるようになり，場合によっては整数の理論（数論）にも応用できることがわかってきた，と伊藤は述べている（[13]参照）。

🎲 マビノギオンの羊の問題

この章の締めくくりとして，マルチンゲールの応用を1つ紹介しよう。それは，「マビノギオンの羊の問題」と呼ばれるものである。これは，中世ウェールズの伝承の中に出てくる黒い羊と白い羊からなる不思議な羊の群れがもとになっている問題である。

各時刻1，2，3，…において，群れの中の1匹の羊が鳴く。その羊はそれ以前の選ばれ方によらずに群れ全体からランダムに選ばれる。この鳴いた羊が白い羊であったら，黒の羊（が残っているとしたら）のうちの1匹が白い羊にパッと変わってしまう。もし鳴いた羊が黒であったら，白い羊（が残っているとしたら）のうちの1匹がパッと黒い羊に変わってしまう。ここでは羊は新たに生まれたり死んだりはしないものとする。

考えたい問題は，羊の数を制御することである。許される操作は，時刻0の直後と不思議な変身が起きた時刻1，2，

3，…の直後に，白い羊を適当に取り除くことを繰り返すことだ。この操作は，黒い羊ばかりになったら終了するものとする。このとき，どのような戦略をとれば最終的な黒い羊の数の期待値を最大化できるか，ということを考えたいのである。

問題の雰囲気を理解するために，極端な2つの戦略について考えてみよう。第1は，白い羊を取り除くことをせず（取り除く数を毎回0匹にし），「放っておく」ってことである。一方，第2は，時刻0のあとに白の羊をすべて取り除いてしまうことである。

まず，第1の戦略は，白の羊がどんどん増えていってしまう危険性を孕んでいる。偶然，白い羊の数のほうが黒い羊より多くなると，ランダムに選ばれる鳴く羊に，白い羊が選ばれる確率が高くなり，白い羊の比率は急速に大きくなっていくだろう。したがって，「放っておく」戦略は正しくなさそうである。他方で，最初に白の羊をすべて取り除いてしまう戦略をとると，今と反対の可能性，すなわち，黒の羊が増殖していく可能性を事前に排除してしまうので，それももったいない。きっと，正解ではないだろう。

これらを考えると，最適な戦略はこの2つの極端な戦略の中間的なものになりそうだと想像できるだろう。

実際，正解は次のような戦略である。すなわち，「各時刻の変身が起こった後に，もし黒い羊のほうが白い羊より多ければ何もしない。また，黒い羊がまったくいなくなったときにも何もしない。それ以外のときは，白い羊の数が黒い羊の数よりちょうど1匹だけ少なくなるように白い羊を取り除

く」のだ。

　これが最適な戦略であることは，マルチンゲール理論を駆使するとみごとに証明することができる。しかし，証明はかなり込み入っているので，ここでは紹介できない。興味ある人は，参考文献［14］にトライしてみてほしい。ここでこの問題を紹介したのは，次章で解説するゲーム論的確率を理解する上で，この問題における「最適戦略」というものの見方が役立つからである。

第11章

ゲーム理論から生まれた新しい確率論

> ゲーム論的確率では、確率論の発祥に戻り、あくまでギャンブルに注目する。「1回の試行の確率」の代わりに、「賭けの戦略」を扱う。(本文より)

確率に対する新しいアプローチ

　第Ⅱ部で説明したように、確率を定義し、操作するためのアプローチは、20世紀に至って完全な達成がなされた。コルモゴロフの確率理論がそれだ。これは、頻度論的確率の集大成と言っていいものである。さらには、前章で解説したマルチンゲールの理論がそれに加わって、不確実性を分析するためのより強力な武器が手に入ることとなった。

　そんな状況の中、今世紀に入って、コルモゴロフの確率理論とは全く異なるアプローチが提出されることとなった。それが、シェイファーとウォフクによるゲーム論的確率の理論だ。これは、20世紀中頃から研究が始まったゲーム理論という新しい数学を土台としたアプローチである。ゲーム理論というのは、人間の日常的な活動をすべてゲームと見なし、プレーヤーたちの戦略的な行動を分析する手法である。ゲーム理論は、提出されるやいなや、多くの学問分野に瞬く間に波及し、現在では経済学、生物学、政治学、社会学、統計

第11章 ゲーム理論から生まれた新しい確率論

学,心理学,法学などたくさんの分野に応用されている。そのゲーム理論を使って確率の理論を再構築しよう,というのが,シェイファーとウォフクの試みである。彼らは,確率をコルモゴロフの作った複雑で抽象的な枠組みに委ねるのではなく,パスカルとフェルマーがアプローチした頃の「ギャンブルの公平性」(第1章,16ページ参照)に回帰させようと企てたのだ。

🎲 確率の出てこない確率論

ゲーム論的確率の面白いところは,確率という概念を明示的には使わないで,確率論の主な定理と同等の内容を証明してしまう,という点にある。とりわけ,コルモゴロフ的な確率(いわゆる測度と呼ばれるもの。112ページ参照)を持ち出さずに,大数の弱法則,大数の強法則はもちろん,中心極限定理,デリバティブズに関するブラック・ショールズの公式などに対しても,それらと同等の内容を持つ帰結たちを導出してしまうのである。

確率を使わずに確率論の定理を導出するとはこれいかに?

この問いには,本章をまるまる使って答えていくわけだが,事前にざっくりとした要約をしておくと,次のようになる。

マルチンゲールのときと同じ,コインによる賭けを考えよう。コインを投げた結果がH(表)になるかT(裏)になるかを予想し,HかTかの一方,あるいは,その両方に,適当な金額を賭けるものとする。この場合,公平な賭けというのは,出た面を当てたら賭け金の倍を受け取る賭けである

(194ページ参照)。ちなみに、これを確率の表現を使って説明するなら、HとTにそれぞれ$\frac{1}{2}$の確率が設定されている賭け、ということだ。しかし、このシェイファーとウォフクの枠組みには、確率という言葉は1回も出てこない。シェイファーとウォフクの枠組みにおいても、コイン無限回投げの標本点の1つである

$$\omega = (\omega_1, \omega_2, \cdots, \omega_k, \cdots) \quad (各\omega_k はHまたはT)$$

に賭け主が直面し、どのようにHとTが現れるかを知らないまま賭けを続ける、というのは同じである。ωは第1章の図1-4でイメージ化された「巻物」とイメージすればいい。このとき、もし、この未知の系列ωに対して、

$$\frac{n回目までの中のHの個数}{n} \to \frac{1}{2} \quad (n \to \infty)$$

が成り立っていないならば、賭け主には、「資金が0になることがなく、借金も必要がなく、有限の初期資金を無限大に増やす賭けの戦略が存在する」、というのがシェイファーとウォフクの定理である。

大事なことは、賭け主は、自分の未来に出現するコインのHとTに関していかなる情報も持っていないということだ。つまり、賭け主にとっては、HとTの出方は未知である。にもかかわらず、直面している標本点ωにおいて、Hの頻度が$\frac{1}{2}$に収束しないならば、そこには無限大の利益を得る方法が存在する、というのである。言い換えると、大数の強法則「Hの頻度の極限が$\frac{1}{2}$」が成り立っていないωに直面すれば、賭け主を無限の金持ちに仕立ててくれるわけである。このことを逆に解釈するなら、「賭け主が無限の金持ちにな

れる賭けなど（経験的に）世の中にはないから，大数の強法則は成立している」，ということになる。これが，シェイファーとウォフクのロジックである。「大数の強法則」に関して，これまでとは全く異なるロジックで，その成立を主張しているのが見て取れるだろう。

注目してほしいのは，表現の中に，「1回の試行における確率」とか，「n 回の試行における確率」とか，「無限回試行における確率」という概念が一切出てきていないことだ。大数の弱法則の評価では，「H の頻度がだいたい $\frac{1}{2}$ になる確率が，ほとんど1である」とされたし，大数の強法則の評価では「H の頻度の極限がちょうど $\frac{1}{2}$ になる確率が1である」というふうであった。どちらでも「確率の大きさ」をものさしに使っている。しかし，シェイファーとウォフクがものさしに使うのは，「無限の金持ちになれる戦略の有無」である。そういう意味で，ゲーム論的確率の理論は，これまでの方法と全く異なるのである。この理論に暗に込められている思想は，大数の強法則「H の頻度の極限が $\frac{1}{2}$」を確率概念なしに導くことによって，第3章で指摘したような自家撞着（堂々巡り）なしに「H の確率は $\frac{1}{2}$」を定義しよう，ということなのだ。これこそ正真正銘，頻度論的確率の神髄だと言えよう。

🎲 フォン・ミーゼスのコレクティーフ

ゲーム論的確率の発想の原点を探るために，フォン・ミーゼスのコレクティーフ理論に寄り道しておくのは有意義であろう。

フォン・ミーゼスは、オーストリア出身のアメリカの数学者であり、1919年に確率論への新しいアプローチを発表した。それが「コレクティーフ」と呼ばれる理論である。「コレクティーフ (collective)」は、「集団」を意味する言葉だ。この名称だけでも、フォン・ミーゼスが、確率現象を集団的な現象と見なそうとしていることが見て取れる。実際、フォン・ミーゼスは「次の1回の確率」に関する批判を繰り広げており、それについてはすでに第3章（48ページ）で紹介済みである。

コレクティーフとは、無限回コイン投げの例でいうと、次のような性質を持つ標本点ωのことである。

(a) その標本点ωにおいて、

$$\frac{n \text{回目までの中のHの個数}}{n} \to p \quad (n \to \infty)$$

を満たす数pが存在する。

(b) そのωのHとTの列から、適当な規則で選び出された任意の部分列についても、(a)と同じ極限式が成立する。

この2条件が成立するとき、「ωはコレクティーフで、その確率はpである」という。確率とは、この2条件を満たす標本点にだけ定義される概念だとするのである。

ここで (b) の中の「適当な規則で選び出された部分列」とは何か。それは、例えば、偶数番目を抜き出して並べた部分列とか、Hが出た直後の記号を抜き出して並べた部分列とか、そういうものである。したがって、奇数番がTで偶数番がHのような無限列（これは127ページで例にした標本

点 ω と同じもの)

$$\omega = (T, H, T, H, T, H, \cdots)$$

というのはコレクティーフではない。なぜなら、この系列において、極限 p は $\frac{1}{2}$ である。しかし、偶数番だけ抜き出した系列では極限は 1 であり、p とは異なってしまう。また、H の出たすぐあとの記号を並べた系列をとると、それは T ばかりの系列になり、極限は 0 である。再び、p とは異なっているからである。

このような例を見ると、例えば、$p = \frac{1}{2}$ となるコレクティーフとは、「半分の T と半分の H が相当に複雑なランダムさを持って並んでいる系列」だと想像されるだろう。どのような規則で部分系列を抜き出しても H と T が半々というのは、直観的には「完全な乱雑さ」を持っているものに限るだろう。コレクティーフをランダムさと関連づけて眺めてみると、第5章の82ページあたりで大数の弱法則を H と T の並びの乱雑さと結びつけて説明したことと符合することに気がつく。

フォン・ミーゼスが条件 (b) を要請するのは、次のような事情からである。

今、コイン投げの未来の帰結が先ほどの系列 (奇数番が T、偶数番が H) のようなものであったとしよう。この場合、「1回おきに T に賭ける」という戦略をたまたま持っている賭け主がいたとしたら、この人は無限に勝利してしまうことになる。このような必勝戦略が存在するのは、「コインの面の出方がランダムである」ということと矛盾しているという理由からだ。だから、このようなことを避けるための要

請として,条件 (b) を用意しているのである。実は,この発想にこそ,ゲーム論的確率論の原点が見られる。ランダムさを大数の強法則の根っこと見て,そのことを「必勝戦略の無さ」に帰着させようとする発想だからである。

🎲 コレクティーフのその後

フォン・ミーゼスは,実際には,条件 (b) の「適当な規則」というものに整合的な定義を与えなかったし,それにあまり興味を持っていなかった。そこで,ワルドという数学者が,1937 年に「適当な規則」を明確化することを行った。それは,n 回目の記号(H または T)を部分系列に含めるかどうかについて,1 回目から $(n-1)$ 回目までの文字に基づくことによって決めることにし,その際に使う規則は(有限の英文で表現できる限り)いかなるものであっても認めることにする,というものであった。その方法が,確かに機能することを,チャーチという論理学者が 1940 年に裏付けた。この「1 回目から $(n-1)$ 回目までに基づいて決める」というのは,前章のマルチンゲール理論とも通じる考え方であり,また,このあと解説するシェイファーとウォフクの理論にも現れるものだ。

ワルドの次に大きな貢献をしたのは,ヴィレというフランスの数学者だった。ヴィレは,ワルドのコレクティーフの定義ではまずい例が出てきてしまう,ということを示した。中でも重要な指摘は,「どのように部分列を抜きだしても,n 項目までの H の頻度が $\frac{1}{2}$ よりも大きい側から $\frac{1}{2}$ に収束する」,という性質を持った標本点が存在することであった。

何がまずいか，というと，この場合，うまく賭ければ，破産せずに資金を無限に大きくできる，ということだった。実際，直観的に言うと，「n 項目までの H の頻度が $\frac{1}{2}$ よりも大きい側から $\frac{1}{2}$ に収束する」ω に直面している場合，H に賭け続けていると無限に儲けることができそうである。あとでわかることだが，この直観を精緻化すると，シェイファーとウォフクの見つけた必勝戦略につながるのである。

この系列を発見したヴィレは，部分列の選択規則を，「賭けで資金を無限に増やすことができないこと」に置きかえたらどうか，という提案をした。これをワルドは受け入れたが，フォン・ミーゼスは受け入れなかった。

ヴィレ自身は，それ以上，コレクティーフの研究を進めることはなかった。コレクティーフよりも，コルモゴロフの確率論への関心が強かったからだ。その後，コレクティーフに対する研究はだんだんと細っていき，やがて表舞台から消え去った。そして，確率論の主流と言えば，コルモゴロフの枠組みということになったのである。

🎲 シェイファーとウォフクのゲーム論的確率

フォン・ミーゼスのコレクティーフの概念は，いったんは歴史の中に置き去りにされたが，それを 21 世紀に装い新たに復活させたのが，シェイファーとウォフクの研究だった。

シェイファーはアメリカの統計学者で，70 年代に提出した「信念関数（belief function）」の発想は，いまだに研究が盛んだ。ちなみに，筆者もその研究者の一人である。ウォフクのほうは，ロシア出身のイギリスの数学者でコルモゴロフ

の最後の弟子である。

シェイファーとウォフクは，2001年に『ゲームとしての確率とファイナンス（Probability and Finance～It's Only a Game!)』という本（[15]）を刊行し，確率に対する新しい考え方を提唱した。

彼らの方法論は，「賭け」を基軸にしている。彼らは，第1章で紹介したパスカルによる初期の確率の考え方に共感を持っている。確率という概念を「起こりやすさ」や「同様に確からしい」ではなく，「公平」や「ギャンブルの戦略」や「経済的な価格」といったものに依拠させようとするのである。したがって，彼らは，第10章で解説したマルチンゲール理論と本章で紹介していたコレクティーフ理論を組み合わせ，それをゲーム理論の土台に乗せて，新しい考え方を生み出したのである。

ゲーム理論とは何か

ここで，ゲーム理論をかいつまんで紹介しておこう。

ゲーム理論とは，数学者フォン・ノイマンと経済学者モルゲンシュテルンによって，1944年に発表された『ゲームの理論と経済行動』という本からスタートした数学理論である。

ゲーム理論では，人間の活動をゲームとして定式化する。ゲームとは，

(1) プレーヤー

(2) プレーヤーが選べる行動

(3) ゲームの構造（利得行列またはゲームツリー）

(4)各プレーヤーの戦略
(5)戦略の組み合わせから決まるプレーヤーの利得

によって決定される。

今後の関連性の点から、ここでは、展開型ゲーム（ゲームツリーを備えたゲーム）だけを紹介しておこう。図 11-1 は、有名な「囚人のジレンマ」ゲームの展開型バージョンである。

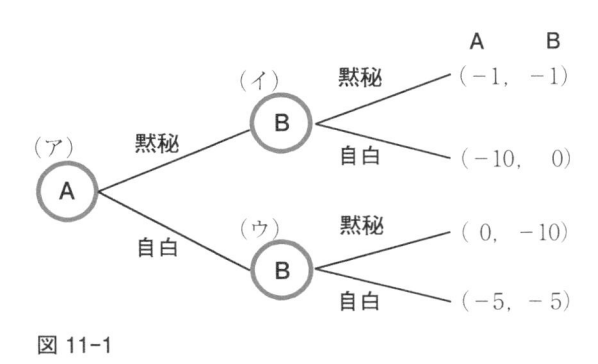

```
                              A    B
                    黙秘  (−1, −1)
              (イ) B
        黙秘        自白  (−10,  0)
 (ア) A
        自白        黙秘  ( 0, −10)
              (ウ) B
                    自白  (−5, −5)
```

図 11-1

このゲームのプレーヤーは、犯罪の共犯の容疑で取り調べを受けている容疑者 A と容疑者 B。容疑者 A が最初に取り調べを受け、容疑者 B が次に取り調べを受ける。各プレーヤーの選べる行動は枝分かれで表されている。まず、手番アで A が「黙秘」「自白」のいずれか一方を選ぶ。「黙秘」なら上の枝を進み、手番イに至る。「自白」なら下の枝を進み、手番ウに至る。次は、B が手番イか手番ウか、その到達したほうの手番において、「黙秘」「自白」のいずれか一方を選ぶ。それによって、最後の 4 個の枝のいずれかを進むこと

になる。最後の枝先の数字は，各プレーヤーの利得を表している。前の数値はAの利得，後の数値はBの利得である。「-5」は，「5年の懲役」を表す。例えば，Aが手番アで「黙秘」を選び，Bが手番イで「自白」を選ぶなら，利得は$(-10, 0)$となり，これはAが10年の懲役，Bが即時釈放となることを表す。このゲームツリーを眺めて，それが第1章の図1-4のHとTの樹形図と酷似していることに注目してほしい。したがって，賭けは自然と人間をプレーヤーとする展開型ゲームの1つだと理解できる（詳しくは，[16]参照）。

　このように与えられたゲームツリーにおいて，Aの戦略とは，手番アで「黙秘」を選ぶか，「自白」を選ぶか，その2つである。すなわち，

　　　Aの戦略の集合＝{ア-「黙秘」，ア-「自白」}

Bの戦略とは，手番イで「黙秘」「自白」のどちらを選ぶかと，手番ウで「黙秘」「自白」のどちらを選ぶか，とを組み合わせたものであり，それは次の4通りである。

　　　Bの戦略の集合＝{イ-「黙秘」＆ウ-「黙秘」，
　　　　　　　　　　　イ-「黙秘」＆ウ-「自白」，
　　　　　　　　　　　イ-「自白」＆ウ-「黙秘」，
　　　　　　　　　　　イ-「自白」＆ウ-「自白」}

Aの戦略が1つ選ばれ，Bの戦略が1つ選ばれた瞬間，ゲームの進行が1つ決定され，AとBの利得が決まる。例えば，Aの戦略が［ア-「黙秘」］で，Bの戦略が［イ-「自白」＆ウ-「黙秘」］である場合は，先ほど解説した進行となる。

　ゲーム理論では，与えられたゲームの構造の中で，プレー

ヤーたちが合理的ならばどの戦略を選ぶべきかを議論する。合理的なプレーヤーたちが選ぶであろう戦略の組み合わせを「均衡戦略」と呼ぶ。

結論を先取りしてしまうと，この「囚人のジレンマ」ゲームの均衡戦略は，Ａが［ア－「自白」］を選び，Ｂが［イ－「自白」＆ウ－「自白」］を選ぶ，となる。したがって，ゲームの進行は，「Ａが手番アで自白を選び，Ｂが手番ウで自白を選ぶ」となる。つまり，両者が自白することになり，互いに５年の懲役に服すのである。

このゲームの面白さは，互いに「黙秘」を選べば，互いに１年の懲役で済むものを，合理的に行動するがゆえに，互いに５年の懲役となってしまう，という悲劇に陥ることである。それで「ジレンマ」と名付けられるゆえんだ。

このゲームの均衡戦略がこうなる理由を簡単に説明しておこう。以下の考え方が，18ページのパスカルの方法と同じ「逆向き推論」であることに注目してほしい。

展開型ゲームの均衡では，「プレーヤーがどの手番でも，自分の利得をできるだけ大きくするように行動する」こと，そして，「全プレーヤーがそう行動することを全プレーヤーが周知している」こと，この２つが要請される。したがって，手番イにおけるＢの選択は「自白」でなければならない。手番イでは，「黙秘」を選ぶより「自白」を選ぶほうが，より利得が大きくなる（服役が短くなる）からである。手番ウにおいても同様，「自白」が均衡戦略となる。したがって，Ｂの均衡戦略は，（イ－「自白」＆ウ－「自白」）となる。大事なのは，このことをプレーヤーＡも理解している，

という点である。それによって，Aは手番アで「自白」を選ぶ。なぜなら，「黙秘」を選ぶと，Bが手番イで「自白」を選ぶことがわかっており，そのときAは10年の懲役となる。それよりも，「自白」を選んでBに手番ウで「自白」を選ばれるほうが，懲役5年と刑が短くて済むからだ。

このような理屈で決まる均衡を，専門の言葉で「部分ゲーム完全均衡」と呼ぶ。この均衡概念は，展開型ゲームの代表的なものである。

🎲 ゲーム論的確率では，戦略しか使わない

以上に見たように，ゲーム理論とは，「ゲームの構造の定義」「戦略の定義」「均衡戦略の定義と導出」からなると言っていい。とりわけ，均衡概念をできるだけ合理性と整合性を備えるように定義し，それを解くことに研究の主軸がある。また，そのように導かれた均衡が，いかに現実を上手に説明するかを提示することにも関心が高い。例えば，企業同士をともに倒産に追い込むような値下げ競争，逆に価格を談合してつり上げるカルテル，銀行の突然の取り付け騒ぎなど，以前は不可解とされていた経済現象をみごとに説明できたのである。

一方，ゲーム論的確率では，均衡の概念は全く用いない。使うのは，「戦略」という観点だけである。ここでの「戦略」とは，前節で紹介した展開型ゲームのように，「ゲームツリーのすべての枝分かれについて，事前に選ぶべき賭けの行動を決めておく」ということだ。ゲームは「自然」があらかじめ選んだ標本点ωに沿って進行するものである。もちろ

ん，プレーヤーには「自然」の選んだ標本点ωは分からず，未来に何が起きるかは予想できない。プレーヤーは，n 回目までの結果は知識として持っており，自分がゲームツリー上の枝分かれのどの点にいるかはわかる。したがって，事前に戦略を決めておく，ということは，その戦略に沿ってオートマティックに賭けを続行していく（枝分かれをたどっていく），ということである。この視点は，これまでのHとTの樹形図と同じであり，また，前章のマルチンゲールの発想とも共通している。

注目しているのは，「自然」が選んだ標本点 ω が何であっても，それを知ることなく，無限に資金を増やせる戦略があるか，ということである。つまり，完全必勝法が存在するかどうか，という点なのである。

コイン投げの賭けをゲームとして記述する

それでは，シェイファーとウォフクの理論の中から，大数の強法則に対応する法則を紹介しよう（以下，記述は［15］よりもむしろ［17］に負っている）。

いま，コインを投げて出る面がH（表）かT（裏）かに賭け，当たったら賭け金の2倍がもらえ，外れたら賭け金が没収される，というゲームを考える。このゲームが公平な賭けであることは，第1章（18ページ）で述べた。プレーヤーは2名，「自然」と「人間（賭け主）」である。ゲームのプロセスは次のようになっている。

ステップ1では，「自然」がコイン無限回投げモデル Ω_∞ の標本点ωを任意に選ぶ。ただし，計算をしやすくするため

H → 1,T → 0 と書き直し,標本点は,

$\omega = (\omega_1, \omega_2, \cdots, \omega_k, \cdots)$ (各 ω_k は 0 または 1)

と記述することにする。このように,1, 0 で記述すると,n 回目までの H の頻度は,直接的に,

$$\frac{\omega_1 + \omega_2 + \omega_3 + \cdots + \omega_n}{n}$$

と計算できて便利である。「自然」の戦略の集合が Ω_∞ であり,「自然」は Ω_∞ の中から任意の標本点 ω を選ぶ。このとき,賭けでは k 回目にはコインの面 ω_k が出る。

「自然」の戦略 = {Ω_∞ の任意の要素 ω}

ステップ 2 は,プレーヤー「人間」が賭けの作戦を決める。k 番目のコインの面 ω_k を見る前に,1(表),0(裏),またはその両方に,手持ちの資金からいくばくかを出して賭ける。両方に賭ける場合,賭け金が異なっていてもかまわない。その際,情報として利用できるのは,$(k-1)$ 回目までに出た面についての $(k-1)$ 個の結果,および,自分の勝敗についての $(k-1)$ 個の結果である。すなわち,標本点 ω の $(k-1)$ 番目までの結果

$(\omega_1, \omega_2, \cdots, \omega_{k-1})$ (ω_i は 0 または 1)

と,自分の賭け金額,得た賞金,失った賭け金,だけを知識として持っている。資金をどんなに細かく分割して何口賭けようが,無限口であろうが自由である。資金はいくらでも細かく分割でき,どんな小さい(0 以上の)金額を賭けることも可能であると仮定される。まとめると,

「人間」の戦略＝{($k-1$ 回目までの帰結)を参考とした(k 回目に 1, 0 への賭け方)の, すべての自然数 k
についてのものを, すべて集めた集合}

この戦略の表記は, 無理して理解しなくてかまわない。前の節で紹介した囚人のジレンマゲームの形式をコイン投げに対する賭けに適用したものをイメージすればよい。また, 実際に必勝戦略を提示すれば, 自ずとわかるようになる。

さて, このとき次のことが証明できるというのが, シェイファーとウォフクの定理である。

シェイファー・ウォフクの定理

n 回目までの H の頻度が $\frac{1}{2}$ に収束しない ω の集合, すなわち,

$$\frac{\omega_1+\omega_2+\omega_3+\cdots+\omega_n}{n} \to \frac{1}{2} \quad (n \to \infty) \quad \cdots ①$$ が成り立たない ω の集合を N と記す。

$$N=\left\{\frac{\omega_1+\omega_2+\omega_3+\cdots+\omega_n}{n} \to \frac{1}{2} \quad (n \to \infty)\right.$$

が成り立たない標本点 ω のすべて$\Big\}$

このとき, プレーヤー「人間」には, N に属するすべての標本点 ω に対して, 資金を一度も 0 にせず, 借金もせず, 無限大に増やすことができる（個々の ω に依存せず, 統一的に実行できる）戦略が存在する。

つまり,「自然」が N からどの標本点 ω を（内緒で）選んでこようと, それがどんな系列であるか知らないまま, 一度も資金が 0 にならず, 借金をすることもなく, 必ず資金を無限大に増やすことができる, そんな戦略が存在する, ということである。

その戦略は,「自然」が選ぶ標本点 ω に個別対応するわけではない。そもそも,「自然」が何を選んでいるかわからないので,それは不可能だ。「人間」の戦略は,あくまで,それ以前のゲーム展開の記録にだけ依存して,次にどう賭けるかを決める。そして,N に属するすべての標本点 ω に対して統一的な戦略があって,それをオートマティックに使うだけで必ず資金が無限大になる,ということなのである。

ここで読者がイメージするのは,統計学の利用かもしれない。例えば,最初の1万回は賭けずに観察だけをして(賭け金0),「表のほうが出やすい」と「裏のほうが出やすい」のどちらであるかを検証した上で,出やすいと判断されたほうの面に1万1回目から賭け続ける,などのような戦略だ。しかし,このような戦略は,上記の定理で存在が保証される戦略ではない。なぜなら,最初の1万個が1で,そのあとは0が繰り返されるような標本点は明らかに集合 N の要素(Hの頻度は0に収束する)であるが,「自然」がこの標本点を選んだ場合,今のような統計的な戦略を使うと,1万回観察して,「表しか出ないコイン」だという誤った判断を下し,その後は表に賭け続け,すぐに破産してしまうだろう。シェイファーとウォフクの見つけた戦略は,このような統計学的な戦略とは似てもにつかない仕組みなのである。

🎲 意外に簡単なカラクリ

シェイファーとウォフクの必勝戦略は,意外と簡単なものである。おおざっぱに言うと,次のような賭け方をするのである。

(1) いつも H と T に両賭けする。
(2) 1回前が H なら，H に賭ける額を増やし，T に賭ける額を減らす。1回前が T ならこれと逆にする。

この賭け方の戦略は，まあ，素朴なものと感じるだろう。ある意味では，前節で紹介した「統計を用いる戦略」に似ていなくもない。しかし，先を読むとわかってくるように，統計的な判断とはかなり異なるものである。なぜかというと，「H のほうが多く出やすいコイン」とか「T のほうが多く出やすいコイン」という判断を途中で一切下さないからだ。それは当然である。有限回の結果から無限列である ω を推論することは不可能だ。それは前節で出した，途中までずっと H で途中からずっと T の ω の例を考えればいい。

シェイファーとウォフクの必勝戦略の面白いところは，それ以前の H と T の出現比率に関連して，賭け方が自動調整されることにあるのである。賭け主は，あたかも何かに導かれるように，H と T の出現比率に「正しく」対処できてしまうのである。

🎲 必勝戦略の秘訣の種明かし

それではここで，必勝戦略の秘訣にあたる部分を種明かししてしまおう。

必勝戦略は，H の頻度がそもそも収束しない場合も，$\frac{1}{2}$ 以外の数に収束する場合も使えるものなのだが，ここでは，秘訣（ポイントになる点）を解説したいだけなので，$\frac{1}{2}$ 以外の数に収束する，として進めることとする。

秘訣は，次のようなものだ。

秘訣1　「Hの頻度が $\frac{1}{2}$ より大きい数値に収束する場合には，十分に小さい一定の比率を選んで，資金から常にその比率ずつの金額をHに賭け続けると，やがて資金は無限大に膨張する」

ということである。ここで資金の一定比率を賭け続けることから，決して資金が0にならないことに注意しよう。

もちろん，対称的に次も成り立つ。

秘訣2　「Hの頻度が $\frac{1}{2}$ より小さい数値に収束する場合には，十分に小さい一定の比率を選んで，資金から常にその比率ずつの金額をTに賭け続けると，やがて資金は無限大に膨張する」

Hの頻度が $\frac{1}{2}$ より小さい数値に収束する場合は，Tの頻度の方が $\frac{1}{2}$ より大きい数値に収束するから，**秘訣2** は **秘訣1** のHとTを入れ替えたものにすぎず，**秘訣1** が成り立つなら **秘訣2** も成り立つ。

この **秘訣1** は，直観的には次のように理解できる。すなわち，Hの頻度が $\frac{1}{2}$ より大きい値に収束するということは，賭けの回数が無限に近くなるとHが半分より多く出る，ということだ。だから，原理的にはHに賭け続ければ資金を増やすことができる。しかし，あまり大きな金額を賭けてしまうと，賭けで勝って資金が増えるスピードより，賭け金で資金を失うスピードがまさってしまい，途中で破産してしまう可能性がある。したがって，非常に小さな額を賭け続ければいい，ということである。つまり，非常に小さい金額の賭けに対して，HとTの頻度の違いが敏感に反応して資金を増やしてくれる，という仕組みなのである。

第11章 ゲーム理論から生まれた新しい確率論

以下，**秘訣1**のほうを証明することとしよう。したがって，**秘訣1**の証明が終わるまでは，

$$\frac{\omega_1+\omega_2+\omega_3+\cdots+\omega_n}{n} \to \beta > \frac{1}{2} \quad (n \to \infty) \quad \cdots ②$$

を仮定する。

🎲 資金の変化を数式にする

秘訣1を証明する準備として，標本点ω（コイン投げの無限の先までの帰結）が与えられたときに，Hに賭け続けたときの資金の変化を記述する数式を作ることとしよう。ここで，賭け方の戦略は，「手持ちの資金のαの比率（一定値）を常にHに賭け続ける」というものである。標本点ωは，H→1, T→0と書き直した，

$$\omega = (\omega_1, \omega_2, \cdots, \omega_k, \cdots) \quad （各 \omega_k は 0 または 1）$$

という表記であったことを思い出しておこう。

まず，数列$\{x_k\}$を$x_k = 2\omega_k - 1$と定義する。これは計算を見やすくするための変数の書き換えにすぎない。すると，

$$\omega_k = 1 ならば, x_k = 1, \quad \omega_k = 0 ならば, x_k = -1$$

となる。すなわち，数列$\{x_k\}$はHが出たら$+1$を，Tが出たら-1をとる数列である。Hの頻度はこの数列$\{x_k\}$に移植することができる。すなわち，

$$\frac{x_1+x_2+x_3+\cdots+x_n}{n} = \frac{2(\omega_1+\omega_2+\omega_3+\cdots+\omega_n)-n}{n}$$

$$\to 2\beta - 1$$

225

ここで②から $2\beta-1>0$ であるから,ある正数 ε に対して, $2\beta-1>\varepsilon$ が成り立つ。したがって,このような正数 ε を一つ固定して話を進める。まとめると,

$$\frac{x_1+x_2+x_3+\cdots+x_n}{n} \to 2\beta-1>\varepsilon \quad \cdots ③$$

ということになる。

初期資金量を M とするとき,資金量の α の比率を 1(H)に賭け続けたときの n 回目の賭けが終わったあとの資金量は次のように計算される。

今,$(n-1)$ 回目終了時の資金を X とすると,n 回目には $X\times\alpha$ の金額を 1 に(H に)賭けるので,n 回目の結果が出たあとの資金は,

1 が出た場合はコインの面が当たったので,

(新しい資金量) = (残った資金) + (賞金)

$= X\times(1-\alpha)+X\times\alpha\times 2 = X\times(1+\alpha)$

0 が出た場合はコインの面がはずれたので

(新しい資金) = (残った資金) = $X\times(1-\alpha)$

となる。ここで,

$\omega_k=1$ ならば,$x_k=1$,$\omega_k=0$ ならば,$x_k=-1$

と定義したことを思い出せば,両方の結果をまとめて次のような 1 つの式で書くことができる。

(n 回目の結果後の資金)

= ($n-1$ 回目の結果後の資金)$\times(1+\alpha x_n)$

これが数列 x_n を定義した目的である。この式を使えば,初期資金 M に $(1+\alpha x_1)$ を掛けると 1 回目の結果後の資金になり,それに $(1+\alpha x_2)$ を掛けると 2 回目の結果後の資金にな

り，というふうになるので，順次掛け算をして，

　（n 回目終了後の資金）

　　$= M(1+\alpha x_1)(1+\alpha x_2)\cdots(1+\alpha x_n)$　　…④

が得られる。これが欲しかった資金の変化を記述する式である。このように，資金の変化を数式にできたことの意義は非常に大きい。なぜなら，秘訣1を証明するには，十分小さな α に対しては，「自然」が選択した標本点 ω（ただし，Hの頻度が $\frac{1}{2}$ より大きい数に収束するもの）にかかわらず，資金④が $n \to \infty$ のとき無限に大きくなることを示せばいいとわかったからだ。言い換えると，③を満たすすべての数列 x_n に対して，資金④が $n \to \infty$ のとき無限に大きくなることを示せばいいのである。したがって，何か n の関数で，④よりも小さく，かつ，$n \to \infty$ のとき無限に大きくなるようなものを見つければいい。

対数（log）を復習する

　資金量④が無限に大きくなることを証明するために，それを小さい側から評価する関数を見つけたい。その目的のために自然対数を利用しよう。そこで，非常に駆け足ながら，対数関数の基本だけ解説しておくことにする（既知の読者は飛ばしてよい）。

　まず，$\log_{10} x$ という常用対数を簡単に紹介する。$\log_{10} x$ というのは，「x が 10 の何乗か」ということを計算する関数である。例えば，$x = 1000$ に対しては，$1000 = 10^3$ であるから，

　　$\log_{10} 1000 = 3$

と計算される。$x=100000=10^5$ に対しては,当然,

$$\log_{10}100000=5$$

となる。また,$\frac{1}{100}$ は,10^{-2} と定義される(指数が負である)ので,

$$\log_{10}\frac{1}{100}=-2$$

である。この常用対数に関して,最も重要な法則は,「掛け算の常用対数は,常用対数の足し算になる」ということ。つまり,「対数は掛け算を足し算に変換する」という法則である。

実際,1000×100000 に対しては,$1000\times100000=10^3\times10^5=10^{3+5}$ となっているから,

$$\log_{10}(1000\times100000)=3+5$$

したがって,上の $\log_{10}1000=3$ と $\log_{10}100000=5$ とを代入すれば,

$$\log_{10}(1000\times100000)=\log_{10}1000+\log_{10}100000$$

となっている。これは,一般に成り立つことで,

$$\log_{10}xy=\log_{10}x+\log_{10}y$$

という法則となる。

現在,広く使われているのは,常用対数ではなく,自然対数というものである。自然対数というのは,(π と同じような)特別の無理数 $e=2.71828\cdots$ の指数に関するものだ。すなわち,与えられた数がこの e の何乗であるか,を計算する関数なのである。

$$x=e^a \text{ のとき,} \log_e x=a$$

ということ。通常,自然対数は e を添え字として書かずに,

第11章 ゲーム理論から生まれた新しい確率論

単に $\log x$ と記される。自然対数でも,「掛け算を足し算に変換する」という

$$\log xy = \log x + \log y$$

の法則が成り立つのは同じである。

eというナゾの数を使って定義された自然対数が中心的に用いられるのは,微積分の法則が非常にみごとだからだ(実際,$\log x$ の微分は $\frac{1}{x}$ という単純な関数になる)。ここでは,これらについては深入りせず,目的のために用いる不等式を天下り的に紹介する。以下の不等式である。

$$\log(1+t) \geq t - t^2 \quad (t \geq -\frac{1}{2}) \quad \cdots ⑤$$

証明は,高校3年生の数学を習っていれば簡単(左辺から右辺を引いて微分して増減表を作るだけ)だが,ここでは図11-2を眺めて,視覚的に納得してもらうだけとしよう。この不等式が,次節で必勝戦略の存在を証明する際に利用される。

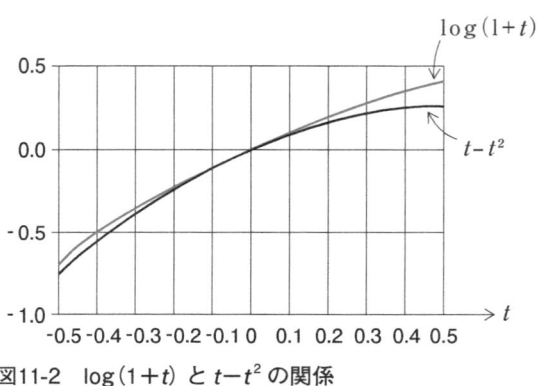

図11-2 $\log(1+t)$ と $t-t^2$ の関係

資金が無限大に膨らむ

それでは、資金量④を再び登場させることにしよう。

(n 回目終了後の資金)

$= M(1+\alpha x_1)(1+\alpha x_2)\cdots(1+\alpha x_n)$ …④

であった。目標は、α が十分に小さいならば、$n \to \infty$ のときの④の極限が無限大となることである。ここで、④式の両辺の自然対数(log)をとる。

$\log(n\text{ 回目終了後の資金})$

$= \log(M(1+\alpha x_1)(1+\alpha x_2)\cdots(1+\alpha x_n))$

前節で説明した自然対数の性質「掛け算が足し算に変換される」から、

$\log(n\text{ 回目終了後の資金})$

$= \log M + \log(1+\alpha x_1) + \log(1+\alpha x_2) + \cdots + \log(1+\alpha x_n)$

が得られる。

ここで、比率 α は「十分小さい」と考えているので、α は $\frac{1}{2}$ より小さい正数と仮定しておいて差し支えない。すると、x_k は $+1$ または -1 であるから、すべての k について

$$-\frac{1}{2} < \alpha x_k < \frac{1}{2}$$

が成り立つ。したがって、前節の不等式⑤において、t に αx_k を代入することができ、

$$\log(1+\alpha x_k) \geq \alpha x_k - (\alpha x_k)^2$$

がすべての k に対して得られる。したがって、

$\log(n\text{回目終了後の資金})$
$\geq \log M + \alpha(x_1+x_2+\cdots+x_n) - \alpha^2(x_1^2+x_2^2+\cdots+x_n^2)$

となる。ここで、x_k は $+1$ または -1 だから、うまいことに、すべての k に対して $x_k^2 = 1$ なので、最後のカッコの中の和は n となる。ゆえに、

$\log(n\text{回目終了後の資金})$
$\geq \log M + \alpha(x_1+x_2+\cdots+x_n) - n\alpha^2$
$= \log M + n\alpha\left(\dfrac{x_1+x_2+\cdots+x_n}{n} - \alpha\right)$ ⋯⑥

が得られる。ここで、最後の式のカッコ内にみごと③式（1 の頻度に対応する式）が現れてくれた。ここで、③式のところで、

$$\dfrac{x_1+x_2+x_3+\cdots+x_n}{n} \text{ の極限} > \varepsilon$$

を仮定していたことを思い出そう。このとき、十分大きなすべての n に対しては、

$$\frac{x_1+x_2+x_3+\cdots+x_n}{n} > \varepsilon$$

が成り立つ(極限とは数列の値が密集する点だ!)。したがって,十分小さい賭けの比率 α を ε より小さいものに取っておけば,十分大きな番号 n に対してはすべて,

$$\frac{x_1+x_2+\cdots+x_n}{n} - \alpha > \varepsilon - \alpha > 0$$

となる。このとき,⑥の第2項は $n\alpha \times (\varepsilon - \alpha$ より大きい正の数)であるから,$n \to \infty$ としていくと,この第2項はいくらでも大きくなる。つまり,⑥式は無限大に発散する。このことから,

$\log(n$ 回目終了後の資金$) \to \infty$　　$(n \to \infty)$

すなわち,

$(n$ 回目終了後の資金$) \to \infty$　　$(n \to \infty)$

がわかる。

以上によって,

秘訣1　「Hの頻度が $\frac{1}{2}$ より大きい数値に収束する場合には,十分に小さい一定の比率を選んで,資金から常にその比率ずつの金額をHに賭け続けると,やがて資金は無限大に膨張する」

の証明が終わった。意外なことだが,Hの頻度が $\frac{1}{2}$ より大きいなら,資金を常に非常に小さい一定比率 α ずつHに賭けていれば,資金は無限大に膨れ上がっていく,ということなのだ。もちろん,一定比率を賭けるのだから,決して破産はしない。Hの頻度の極限が $\frac{1}{2}$ より小さい場合には,Tに賭け続ければいい。これは　**秘訣2**　であり,

第11章　ゲーム理論から生まれた新しい確率論

秘訣 1 と完全に対称の関係にあるから，証明も同じである。

🎲 残されたクリアーすべき壁

以上で，必勝法の秘訣となる **秘訣 1** と **秘訣 2** が証明された。残された問題は，この秘訣を具体的にどうやって使うか，ということである。実際，この秘訣には「十分小さい」という言葉が入っている。十分小さいとは，具体的にどのくらい小さくすればよいのだろうか。この問題を筆頭にいくつかの問題点がある。これをどう克服するかにはアイデアが必要だ。

クリアーすべき壁を列挙すると以下のようになる。

壁 その1 Hの頻度の極限が存在し，それが $\frac{1}{2}$ でない場合でも，極限が $\frac{1}{2}$ より大きいか小さいかわからない。つまり，秘訣1と秘訣2とどちらを使えばいいかわからない。どちらにも対応しようとするにはどうしたらいいか。

壁 その2 **壁 その1** をクリアーしたとしても，Hの頻度の極限が $\frac{1}{2}$ よりどのくらい大きいか（あるいは小さいか）わからなければ，一定比率 α をどの程度の小さい正数に設定したらいいかわからない。それをどうしたらいいか。

壁 その3 **壁 その2** までクリアーしたとしても，Hの頻度が極限を持たない場合もありうる。その場合は，どうしたらいいか。

以下，これら3つの障壁をクリアーする戦略を，順に解説していこう。

🎲 壁 その1 をクリアーするための戦略

壁 その1 は次のようにクリアーすればいい。

今，Hの頻度が極限を持つとわかっていて，それが，$\frac{1}{2}$ でないとわかっていると仮定しよう。しかし，極限が $\frac{1}{2}$ より大きいか小さいかはわからないとする。

これに対しては，次のような戦略で簡単に対処できる。

今，初期資金を K とする。このとき，初期資金 K を半分ずつに分割して，$K_1 = \frac{1}{2}K$, $K_2 = \frac{1}{2}K$ と設定する。そして，資金 K_1 のほうはHに賭け続ける資金とし，資金 K_2 のほうはTに賭け続ける資金とするのである。どちらも一定比率 α ずつ賭ける。この場合，どちらも決して破産しない（0に限りなく近づいていくことは起こりうる）。

このとき，もしも，Hの頻度の極限が $\frac{1}{2}$ より大きいならば，十分小さな比率 α を使うことで，秘訣1から資金 K_1 のほうが無限大に膨らむ。もしも，Hの頻度の極限が $\frac{1}{2}$ より小さいならば，秘訣2 から資金 K_2 のほうが無限大に膨らむ。したがって，いずれにしても，一方の資金は無限大になるので，壁 その1 はクリアーされた。

🎲 壁 その2 をクリアーするための戦略

ここが戦略の中で最も肝心な点となる。

秘訣1 と 秘訣2 では，賭ける一定比率 α を「十分小さい」と仮定した。 秘訣1 の証明を読めばわかるように，十分小さい α とは次の2つの不等式を満たすもののことだった。

第11章　ゲーム理論から生まれた新しい確率論

$$\alpha < \frac{1}{2},\ \alpha < \varepsilon < \frac{x_1 + x_2 + x_3 + \cdots + x_n}{n}\ \text{の極限}$$

しかし，2番目の不等式のほうは，Hの頻度の極限がわからない限りαを設定しようがない。ところが，うまい手があるのだ。αを具体的に特定しなくてよいのである。

今，**秘訣1**のほう，すなわち，Hに賭け続けるほうのみで議論する。

Hに賭け続ける資金は，**壁その1**をクリアーする戦略で述べたように，初期資金Kの半分$K_1 = \frac{1}{2}K$であった。ここで，この資金K_1をさらに次のように無限に細かく分割し，無限個の「小分け資金」を作るのである。

$$(\text{小分け資金}1) = \frac{1}{2}K_1,\ (\text{小分け資金}2) = \frac{1}{4}K_1,$$

$$(\text{小分け資金}3) = \frac{1}{8}K_1,\ \cdots,\ (\text{小分け資金}k) = \frac{1}{2^k}K_1,\ \cdots$$

係数を見ればわかるように，半分半分となっていく無限個の数列となる。ここで，

$$\frac{1}{2}K_1 + \frac{1}{4}K_1 + \frac{1}{8}K_1 + \cdots = K_1 = (\text{初期資金の半分})$$

が成り立つことに注意する（無限等比数列の和の公式）。
このように小分け資金を作った上で，各小分け資金からそれぞれ独立にHに賭け続けるのであるが，賭ける比率を次のように設定する。

「(小分け資金k)からは，比率$\alpha_k = \frac{1}{2^k}$でHに賭け続ける」
この戦略を使うと壁その2がクリアーされる。なぜなら，比率$\frac{1}{2^k}$はkを大きくしていくといくらでも0に近づくから，

235

十分大きな番号 k は,

$$\alpha_k < \frac{1}{2}, \ \alpha_k < \varepsilon < \frac{x_1+x_2+x_3+\cdots+x_n}{n} \text{の極限}$$

が満たされる。そして,これを満たす k については,■秘訣 1 ■の証明から,(小分け資金 k)が無限大に膨らんでいくことになるのである。

大事なのは,「Hの頻度の極限値を具体的に知る必要はない」という点である。無限個に分割された(小分け資金 k)たちにおいて,十分大きい k がオートマティックに,資金を無限大に増やしていってくれるからである。「資金を無限個に分割して,それぞれから異なる比率で賭ける」という戦略は,「どのくらい小さいかわからない α」に対し,完全に漏れなく対処する戦略なのである。言われてみれば簡単な手段だが,なかなか気づかない名案であろう。

Hの頻度の極限が $\frac{1}{2}$ より小さい場合は,■秘訣 2 ■においてTに賭け続ける資金を,同じように,無限個の小分け資金に分割すればよい。

🎲 壁 その3 をクリアーするための戦略

最後の壁は,Hの頻度の収束性に関する壁である。今までは,Hの頻度が収束するものとして戦略を組んできた。しかし,Hの頻度は収束しないかもしれない。例えば,2つの数値の間を振動する場合などがそれである。この場合にも通用するように戦略を練り直さなければならない。

それを行うには,第8章で大数の強法則を証明したときと同じく,上極限(上極限の定義は 135 ページ)を利用するの

がよいのである。

最初に，**秘訣1** の記述を「極限」ではなく，「上極限」に直す作業をしよう。次のようになる。

秘訣3 「Hの頻度の上極限が $\frac{1}{2}$ より大きい数値である場合には，資金から非常に小さい一定の比率ずつをHに賭け続けると，資金の上極限は無限大になる」

見てわかるとおり，**秘訣3** は **秘訣1** に上極限という言葉を挿入しただけのものとなっている。他方，**秘訣2** の変更は次のようにする。

秘訣4 「Tの頻度の上極限が $\frac{1}{2}$ より大きい数値である場合には，資金から非常に小さい一定の比率ずつをTに賭け続けると，資金の上極限は無限大になる」

Hの頻度が収束しない，ということは，Hの頻度の上極限と下極限が一致しない，ということである（135ページ）。したがって，もしもHの頻度の上極限が $\frac{1}{2}$ 以下となるなら，Hの頻度の下極限は $\frac{1}{2}$ 未満となり，これはTの頻度の上極限が $\frac{1}{2}$ より大きいことを意味する（Hの頻度＋Tの頻度＝1に注意しよう）。したがって，**秘訣3** を使えないときは **秘訣4** が使えることになる。

さて，**秘訣3** を証明するのは，**秘訣1** の証明をちょっとだけ変えればよい。ここで，上極限というのは，数列の値が密集する点（集積点）の最大値であったことを思い出そう。

Hの頻度の上極限が $\frac{1}{2}$ より大きい，ということは，Hの頻度が作る数列

$$h_n = \frac{\omega_1 + \omega_2 + \omega_3 + \cdots + \omega_n}{n}$$

が $\frac{1}{2}$ より大きいところに集積点 γ を持っている，ということ。その場合，

「$u < \gamma < v$ を満たす区間 $[u, v]$ をどんなに小さくとっても，

　区間 $[u, v]$ に h_n が入るような番号 n が無限に存在する」

となっている。集積点とはそういう意味であったことを思い出そう。したがって，次のような正数 ε を見つけることができる。

「$$\frac{\omega_1 + \omega_2 + \omega_3 + \cdots + \omega_n}{n} > \frac{1}{2} + \frac{1}{2}\varepsilon$$

を満たす番号 n が無限に存在する」

これを数列 $\{x_n\}$ を用いて書き換えると，

$$\frac{x_1 + x_2 + x_3 + \cdots + x_n}{n}$$

$$= \frac{2(\omega_1 + \omega_2 + \omega_3 + \cdots + \omega_n) - n}{n}$$

$$= 2 \times \left(\frac{\omega_1 + \omega_2 + \omega_3 + \cdots + \omega_n}{n} - \frac{1}{2} \right) > \varepsilon \quad \cdots ⑦$$

を満たす番号 n が無限個存在する

となる。このことを踏まえて，資金④への評価を変更しよう。⑥式を再掲すると，

$\log(n \text{ 回目終了後の資金})$

$$\geq \log M + n\alpha \left(\frac{x_1 + x_2 + \cdots + x_n}{n} - \alpha \right) \quad \cdots ⑥$$

であった。いま，Hの頻度は収束しないので，十分小さい α（ε より小さい α）に対して，「十分大きい番号 n での最後のカッコの中身が常に正である」とは言えなくなった。今，⑦から言えることは，「無限個の番号 n に対しては⑥のカッコの中が正になる」，ということである。

このことから何がわかるか。それは，そのようなカッコの中が正になるような番号 n だけを抜き出していけば，（n 回目終了後の資金）は無限大に発散していく，ということだ。これは「資金の極限が ∞」とは違う。なぜなら，例えば，「偶数回では資金が ∞ に向かって増えるが，奇数回は常に資金量1に戻る」となっているかもしれないからだ。これは「大金持ちと貧乏を1回おきに繰り返す奇妙な状態」となる。したがって，なんとか「資金の極限が無限大」となる戦略を見つけたい。

それは可能である。再び，資金の無限個の小分けという手を使うのである。

資金を前と同じ手続きで半分半分と小分けにしていく。そして，できた小分け資金それぞれについて，前節までで説明したような戦略を使って賭けを行う。すると，十分小さい比率を賭ける小分け資金に対しては，（資金の極限が無限大になるのではなく）うまい番号 n たちを抜き出すと，その番号列では資金が無限に発散するようになる。そこで次のような新戦略をとるのだ。すなわち，どの小分け資金に対しても，「ある定数 c 以上となったら賭けるのを止め，その小分け資金に関してはそれ以降の賭け金はずっと0とする」という戦略である。これは「目標額 c を決めて，それに達したら

投資をやめる」，というよくある投資戦略を意味している。

 そうすると，なぜうまくいくのか。それは，十分小さい比率$α_h$で賭ける小分け資金（これは無限個ある）については，上記の議論から，必ず資金がc以上となる回がいつかはやってくる。新戦略では，そこでその小分け資金からの賭けはやめることになる。そのような小分け資金は無限個あるので，停止した際の小分け資金量を合計すれば，

$$c+c+c+\cdots$$

という資金を得ることができ，これは無限大になる。

 これで，Hの頻度の極限が存在しない場合の戦略も見つけ出すことができた。

結局どんな戦略なのか

 以上で，3つの壁をすべて克服し，資金を無限大にする戦略が完全に提示された。結局は，この必勝戦略はどんな戦略なのだろうか。かいつまんで言えば，223ページで提示したように，

(1) いつもHとTに両賭けする。
(2) 1回前がHなら，Hに賭ける額を増やしTに賭ける額を減らす。1回前がTならこれと逆にする。

という戦略になっている。もう少し具体的に見てみると，初回には，HにもTにも，初期資金の

$$\frac{1}{8}+\frac{1}{32}+\frac{1}{128}+\cdots=\frac{1}{6}$$

を賭ける。もしも，Hが出れば，Hに賭ける資金が初期資金の$\frac{7}{6}$倍と増え，Tに賭ける資金は$\frac{5}{6}$倍と減る。すると2

回目には，Hには資金の $\frac{1}{6}$ 倍，すなわち，初期資金の $\frac{7}{6} \times \frac{1}{6} = \frac{7}{36}$ 倍を賭け，Tには資金の $\frac{1}{6}$ 倍，すなわち，初期資金の $\frac{5}{6} \times \frac{1}{6} = \frac{5}{36}$ 倍を賭けることになる。

　これを見れば，1回目にHが出たことから，自動的にHに賭ける額が大きくなっていることが見てとれる。以下同様にしていくが，HとTの出方の複雑さに応じて，賭ける額も複雑な組み合わせになることが想像できる。また，壁その3をクリアーする戦略として，小分け資金がある一定額 c を超えたら賭けを止める，というものを使うので，途中から賭け方が一定比率 $\frac{1}{6}$ ではなくなる。したがって，さらに賭け金は複雑なものとなるのである。

🎲 この戦略であなたも大金持ちになれる？

　以上で，シェイファーとウォフクの定理の証明が終わった。これは，公平なコイン投げギャンブルにおいて，もしもHの頻度の極限が2分の1でないなら，借金なしに資金を無限に増やせることを示したものである。その戦略は，案外簡単なもので，土台となるアイデアは，「H用資金とT用資金の2つに分け，各資金から十分小さい一定比率を各側に賭け続ける」というものだ。面白いことに，賭け金を倍々とつり上げていくマルチンゲール戦略（196ページ）とは正反対の賭け方と言っていい。必勝戦略は反対側にあった，ということである。

　さて，この戦略は現実的には実行可能だろうか？ この戦略を使うことによって，あなたは大金持ちになれるだろうか？

　さすがにことはそう簡単ではない。まず，資金を無限に細

かく分けることで，非常にデリケートな比率での賭け方を実現しなければならないことを思い出そう．つまり，資金の無限に近い分割が必要になるのである．ところで，お金の単位には限界がある．日本の場合，1円が最小単位である．仮に1銭で取引が可能としても，それより小さい単位にすることはできない．1億分の1を円単位で実現するためには，最低1億円の資金が必要だ．資金のデリケートな比率を実行し続けるためには，非常に大きな資金を持っていなければならない．つまり，天文学的な資金を持つ組織でない限り，すぐに行き詰まってしまう．

次に，HとTの頻度の小さな差異に敏感に反応して資金を増やすには，相当な回数の賭けを実行しなければならない．そうなると，手数料（または参加料）がたとえわずかであったとしても，相当に資金を消耗させてしまう可能性が否めない．

このように，シェイファーとウォフクの戦略を実行するには，幾多の困難があることは疑いない．

しかし，完全に荒唐無稽な戦略なのかというと，そうとも言えない．現在の金融市場は，巨額な資金を備えるファンド（それらはヘッジファンドと呼ばれる）が，高速の大型コンピューターを利用して，ナノ秒の単位で取引を行っている（詳細は拙著 [18]）．このような組織なら，資金のデリケートな比率の実現と，膨大な回数の賭けが可能であり，シェイファーとウォフクの戦略を近似的に使うことが可能だろう．

さらには，シェイファーとウォフクの戦略が大数の強法則の代替物を得る目的のものであったことに注目しよう．その

第11章　ゲーム理論から生まれた新しい確率論

目的を，単に「（無限ではなく）ある程度の儲けを得ること」にしぼるなら，アイデアに適当な改良を加えることによって，もっと実現可能で実行しやすいものに仕立て直すことができる可能性がある。現在，多くの金融組織では，数学者を積極的に雇っている。これは憶測であるが，すでに，シェイファーとウォフクの戦略を，現実の投資へ応用する研究が進んでいるのではないか，と思われる。まだ着手していない機関があるなら，いち早く，それについて検討する価値があるのではないか。

🎲 確率の新時代

　シェイファー・ウォフクのゲーム論的確率論は，確率というものに新しい光を当てるものである。これまでの確率の概念は，「何が起きるかわからない」ということに注目し，その「起こりやすさの度合い」を数値化しようとしたものであった。そして，頻度論的確率の主役となる「大数の法則」は，「1回の試行の確率は，多数回の（無限回の）試行で実現する」ということを意味し，その実現の程度を評価するものさしにも，確率という概念を用いるのであった。これはある種の堂々巡りと言えよう。

　それに対して，ゲーム論的確率では，確率論の発祥に戻り，あくまでギャンブルに注目する。「1回の試行の確率」の代わりに，「賭けの戦略」を扱う。その中での「大数の法則」とは，公平化された賭けに関しては，もしも賭けの公平性に対応した「大数の法則」が成り立たなければ，賭け主には資金を無限大に増やす戦略が存在してしまう。しかし，古

今東西，そんなふうに資金を無限化した者はいない。だから，「大数の法則」は成り立つ，とするのである。そういう意味で，堂々巡りを回避している定義だと評価できる。

　彼らの理論は，現在のところ，これまで知られている確率の定理を書き換えているだけで，新しい不確実性に関する定理は何も生み出してはいない。しかし，「確率とは何者か」ということに全く新しい見方を導入し，確率概念を刷新した新世紀の理論として，高く評価されるべきである。あと100年のうちには，これが確率論の主流になるかもしれない，筆者はそんな予感と期待感を持っている。もしも，読者が若者であるなら，是非，この理論の発展に貢献してほしいものである。

あとがき

確率こそ、最もエキサイティングな数学だ

　ぼくの来歴をざっくりまとめると、数学修行時代→塾講師時代→研究者時代、となっている。そして、その3つの時代で、ぼくの確率とのつきあい方は完全に異なっているのである。
　まず、数学修行時代。このときぼくは、確率には全く興味がなかった。数論という完全に抽象的で形而上的な数学世界に魅惑されていた。整数の世界は、不思議で美しい法則たちが完全な調和を作り上げている「神々の世界」に思えた。他方、確率というのは、人間の生臭い現実世界と壁一枚を隔てた間柄にある。だからぼくは、「確率は数学ではない」くらいの否定的な印象さえ持っていた記憶がある。
　数学者の道を諦めたあとは、塾講師として、中学生向けの教材作りに励んだ。そのとき、最も苦心したのは、「確率をどう中学生に教えるべきか」という点だった。
　通常の数学は純粋に機械的な記号操作なので、その操作の意味を明確に伝えて、できるだけ不毛にならない形で、できるだけ効率的な運用を教えればよい。しかし、確率だけは、まがりなりにも「生の現実」と強い関係性を持っている。いや、持っているかのように見える。したがって、確率を教え

ることは、通常の機械的操作に加えて、「生の現実における不確実性というものと、どういうつながりがあるのか」も伝えなければならない。このことは、ぼくにとって、ある種の知的格闘となった。通常の数学と同じように「公理論的」に構築しようとすると「現実」との関係が希薄になりすぎてしまう。他方、「現実」に強く立脚しようとすると、統一性・形式性が失われ、数学が備えるエレガンスが損なわれる。

　ぼくは、数年にもわたる悪戦苦闘を繰り返した。

　三十代になって、ぼくは経済学の道に進んだ。専門を決める際に、「意思決定理論」という分野を選ぶことにした。意思決定理論とは、経済行動において人々が不確実性にどのような対処をするか、その推論と行動選択の様式を解明しようとする分野である。この分野を選んだ背景には、塾講師時代に確率とバトルした経験が大きく影響したように思える。たぶん、「確率とは結局のところ何者なのか」、その解答をどうしても知りたかったに違いない。

　ぼくが意思決定理論の中で研究しているのは、ベイジアン理論と呼ばれているものである。これは、本書第2章の分類で言えば、主観的確率にあたるものだ。正直言って、確率の主流派である頻度論的確率にはあまり関心がなかった。

　ところが、つい最近、本書第11章で紹介したコレクティーフ理論(フォン・ミーゼスの理論)とゲーム論的確率(シェイファー・ウォフクの理論)に出会い、大きな衝撃を受けた。

　コレクティーフは、塾講師時代に「確率とはこういうもの」というイメージ化として形にしようとした経験のある発想だった。もちろん、どうやったら上手くいくかわからず断念したのであった。そのときは、コレクティーフという先行研究があるとは露とも知らなかった。

ゲーム論的確率には、それ以上の衝撃、雷に打たれたようなショックを受けた。シェイファーとウォフクの確率に対する問題意識は、まさにぼくのもの(第3章で論じた)と同じだったからだ。何より、コルモゴロフで完成した(煮詰まった)と思っていた確率理論に新風を吹き込むことが可能であったことは驚嘆に値することだった。ぼくのこれまでの数学教育者・数学啓蒙家としての感触は間違っていなかった確証が得られた。確率論はまだ完成の域には達していなかったのだ。確率論はまだまだ未成熟なのだ。だから、「確率っていったい何なの」と、ぼくや、多くの中高生たちや、そしてたくさんの社会人たちが疑問に持つことは、全く正当なことなのだ。

ゲーム論的確率は、ある意味では、頻度論的確率のニューバージョンである。ぼくは、生まれて初めて頻度論的確率を面白いと思うようになった。そして、この感触を多くの人に伝えたいと思うようになった。本書を書いた動機はそこにある。

シェイファー・ウォフクの定理を紹介するためには、大数の強法則を記述することが避けて通れない。そのためには、極限や無限和などの無限算術も必要になる。どうしたものかと悩んだが、幸いなことに、Breiman の本([12])にコインバージョンの弱法則・強法則の簡便な証明が載っており、使われる無限算術も最低限に抑えられていた。これを参考にすれば、弱法則・強法則の完全な証明を初等的に紹介することができるとわかり、シェイファー・ウォフクの定理の前哨戦として導入することとした。証明の記述はかなり工夫し、懇切丁寧に解説したので、Breiman のオリジナルよりさらにわかりやすくなった自信がある。大数の弱

法則・強法則、シェイファー・ウォフクの定理の完全な証明を、本書ほど初等的に紹介している本は他にはないだろう。

ぼくは今、確率ほどエキサイティングで、確率ほど魅惑的な数学分野はないように思っている。それは、確率が、単なる形而上学にすぎない数学の垣根を越えて、生の現実に触手を伸ばしているからだ。

確率とはギャンブルの理論である。そして、人生はギャンブルそのものである。だから、確率こそが、人間の運命や生き様を浮かび上がらせ、その悲喜交々を解き明かせる道具なのである。ぼくが確率ファンになるなど、人間、変われば変わるものだと思う。これだから人生は面白い。読者の皆さんが、少しでもこの感覚を共有していただければ幸いである。

本書では主観的確率の理論(ベイジアン理論)には、ほとんど触れることができなかった。これらについては、拙著[6][7]などで是非、知識を得てほしい。また、金融と確率的推論の関係については、拙著[18]をお勧めしたい。

本書は、ブルーバックスの前著『世界は2乗でできている』が刊行されたあと、担当編集者だった能川佳子さんと立てた企画である。能川さんは、新書としては少し高度すぎる本に勇猛果敢にチャレンジしてくださり、有益なアドバイスで本書をわかりやすく導いてくれた。その功績は特記に値する。

また、編集部の善賊康裕さんにもゲラの段階から携わっていただいた。ここに心から感謝を申し上げる。

あとは、本書が、高校生を確率の世界に導き、社会人から確率へのもやもや感を取り除き、そして、投資家たちを大金持ちにする(笑)、そんなことを期待しつつ本書を閉じよう。

2015年6月　小島寛之

参考文献

[1] キース・デブリン『世界を変えた手紙』原啓介・訳 岩波書店 2010年
[2] 小島寛之『世界は2乗でできている』講談社ブルーバックス 2013年
[3] 小島寛之『世界を読みとく数学入門』角川ソフィア文庫 2008年
[4] 小島寛之『景気を読みとく数学入門』角川ソフィア文庫 2011年
[5] イアン・ハッキング『確率の出現』広田すみれ・森元良太・訳 慶應義塾大学出版会 2013年
[6] 小島寛之『確率的発想法』NHKブックス 2004年
[7] 小島寛之『数学的決断の技術』朝日新書 2013年
[8] Richard von Mises『Probability,Statistics and Truth』Dover 1981年 初版は1957年
[9] 小島寛之『数学入門』ちくま新書 2012年
[10] 松原望『最新ベイズ統計の基本と仕組み』秀和システム 2010年
[11] 小島寛之『無限を読みとく数学入門』角川ソフィア文庫 2009年
[12] Leo Breiman『Probability』siam 1992年 初版は1968年
[13] 伊藤清『確率過程論における新概念導入の歴史』数理解析研究所講究録 405巻 1980年 (http://www15.ocn.ne.jp/~janpal/webdoc/PDF/stochproc_ito.pdf)
[14] D.ウィリアムズ『マルチンゲールによる確率論』赤堀・原・山田・訳 培風館 2004年
[15] G.シェイファー、V.ウォフク『ゲームとしての確率とファイナンス』竹内啓・公文雅之・訳 岩波書店 2006年
[16] 小島寛之・松原望『戦略とゲームの理論』東京図書 2011年
[17] 竹内啓『賭けの数理と金融工学』サイエンス社 2004年
[18] 小島寛之『数学的推論が世界を変える』NHK出版新書 2012年
[19] 松原望『9つの確率・統計学物語』SBクリエイティブ 2015年
[20] 小島寛之『文系のための数学教室』講談社現代新書 2004年

本書に登場する数学者、経済学者、論理学者、哲学者‥‥

人 名		出身国名	誕生年	没年
タレス	Thalēs	ギリシャ	B.C.640頃	B.C.546
アリストテレス	Aristotelēs	ギリシャ	B.C.384頃	B.C.322
アクイナス	Thomas Aquinas	イタリア	1225頃	1274
カルダノ	Girolamo Cardano	イタリア	1501	1576
ガリレオ・ガリレイ	Galileo Galilei	イタリア	1564	1642
ホッブズ	Thomas Hobbes	イギリス	1588	1679
フェルマー	Pierre de Fermat	フランス	1601	1665
メレ	Antoine Gombaud Méré	フランス	1607	1684
グラント	John Graunt	イギリス	1620	1674
パスカル	Blaise Pascal	フランス	1623	1662
ペティ	William Petty	イギリス	1623	1687
ド・モアブル	Abraham de Moivre	フランス	1667	1754
ベルヌイ	Daniel Bernoulli	スイス	1700	1782
ラプラス	Pierre Simon Laplace	フランス	1749	1827
ガウス	Carl Friedrich Gauss	ドイツ	1777	1855
チェビシェフ	Pafnuty Chebyshev	ロシア	1821	1894
デデキント	Julius Wilhelm Richard Dedekind	ドイツ	1831	1916
カントール	Georg Cantor	ドイツ	1845	1918
ヒルベルト	David Hilbert	ドイツ	1862	1943
ルベーグ	Henri Léon Lebesgue	フランス	1875	1941
ケインズ	John Maynard Keynes	イギリス	1883	1946
フォン・ミーゼス	Richard Edler von Mises	オーストリア	1883	1953
モルゲンシュテルン	Oskar Morgenstern	ドイツ	1902	1977
ワルド	Abraham Wald	ルーマニア	1902	1950
コルモゴロフ	Andrei Nikolaevich Kolmogorov	ロシア	1903	1987
ラムゼー	Frank Plumpton Ramsey	イギリス	1903	1930
フォン・ノイマン	John von Neumann	ハンガリー生まれ	1903	1957
チャーチ	Alonzo Church	アメリカ	1903	1995
ドゥーブ	Joseph Leo Doob	アメリカ	1910	2004
ヴィレ	Jean André Ville	フランス	1910	1989
伊藤清	Kiyoshi Ito	日本	1915	2008
サベージ	Leonard Jimmie Savage	アメリカ	1917	1971
エドワード・ソープ	Edward Oakley Thorp	アメリカ	1932	
シェイファー	Glenn Shafer	アメリカ	1946	
ウォフク	Vladimir Vovk	ウクライナ	1960	

本書に登場した人物を、誕生年の順に並べてあります。

さくいん

〈欧文〉

A^c	75
e	228
ε	54
$E(X\mid F)$	189
$E(X)$	171
F_ε	148, 150
ϕ	62
h_n	146
lim	90
lim inf	135
lim sup	135
$p(E\mid F)$	184
S_k	149
T_n	148
$\mu(E)$	113
Ω_∞	114, 125
Ω_N	81

〈あ行〉

アクィナス	40
アリストテレス	40, 104
伊藤清	202
伊藤積分	202
ヴィレ	212
ウォフク	42, 43, 206, 213, 243
エドワート・ソープ	182

〈か行〉

ガウス	30
下極限	135
確率	14
確率の加法法則	76, 111
確率の公理	79
確率の不等式	78
確率変数	167
確率モデル	58, 73, 81, 85
可算加法性	77, 111
可算集合	105
可算無限	105
可算無限個	108
合併	76, 108
可能世界	60
株	20
ガリレイ，ガリレオ	29, 35
カルダノ	29
カントール	104, 105
期待効用理論	178
期待値	19, 164, 166, 171
ギャンブル	16, 164
共通部分	76, 108
極限	125, 134
均衡戦略	217
金融商品	15, 22
金融派生商品	15
空事象	62, 68
グラント	35
ケインズ	41
ゲーム理論	42, 206, 214
ゲーム論的確率	16, 27, 34, 42, 206, 243

コイン N 回投げ	81, 85, 88	条件付期待値	187
コイン投げ	68, 80	情報増大系	193, 194
コイン無限回投げ	84, 113	常用対数	227
公理	38	数学的確率	33, 37, 38, 46, 48, 54, 80
合理的な戦略的行動	42	数学的帰納法	101
コール・オプション	23	数列の極限	129
コルモゴロフ	30, 37, 42, 79, 108, 213	数列の無限和	137, 138
コルモゴロフの確率の公理	112	正規化ルール	64, 172
コルモゴロフの公理	38	全事象	62, 68
コレクティーフ	50, 210	戦略	42, 218, 221
コレクティーフ理論	209	測度	113
根元事象	59, 63, 64, 66, 85	測度論	30, 112
		測度論的確率論	30

〈さ行〉

		〈た行〉	
サイコロ投げ	68		
サベージ	42	対称性	38
サンクト・ペテルブルグの		対数 (log)	227
パラドクス	176	大数の強法則	
シェイファー	42, 43, 206, 213, 243		21, 37, 84, 97, 103, 125, 143
シェイファー・ウォフクの定理	221	大数の弱法則	37, 53, 84, 90, 93
シェイファーとウォフクの必勝戦略		大数の法則	36, 54, 80, 84
	222	大数の法則(強法則・弱法則)	
資産運用	194		33, 38, 50, 51, 54
事象	59, 61, 63	確からしさ	33, 39, 40
自然対数	228	タレス	29
囚人のジレンマ	215	単調減少事象における極限と	
集積点	131, 134, 237	確率の交換法則	142
集団現象	49	単調数列の収束定理	136
主観的確率	34, 39, 40, 41, 66	単調増加事象における極限と	
樹形図	17, 19, 21, 26, 71, 86	確率の交換法則	140
上極限	135, 147, 237	単調な事象列	139
条件付確率	183	チェビシェフの不等式	92, 152
条件付確率の公式	187	チャーチ	212

長方形の面積図	70
直積試行	71
直列型	71
デデキント	104, 105
デリバティブ	23, 202
デリバティブズ	15, 22, 23, 26, 29
展開型ゲーム	215
ドゥーブ	202
等可能性	33, 37, 49
投資戦略	240
ド・モアブル	30, 37

〈は行〉

パスカル	16, 30
パスカルの問題	16, 174
標本点	59, 60, 61, 85, 167
ヒルベルト	106
頻度論的確率	33, 35, 38, 43, 50, 64, 81, 88
ファイナンス理論	21, 43, 194
フィルトレーション	193, 194
フェルマー	16, 30, 176
フォン・ノイマン	42, 214
フォン・ミーゼス	48, 209
部分ゲーム完全均衡	218
部分集合	62
ブラックジャック	183
ベイズ統計学	42
平方数の逆数の無限和	155, 160
ペティ	35
ベルヌイ	30, 37, 176
補集合	75, 76
ホッブズ	40

〈ま行〉

マトリックス型（行列型）	71
マビノギオンの羊の問題	203
マルチンゲール	178, 194, 197, 202
マルチンゲール理論	16, 180, 181, 202
密集	131
無限個の標本点を持った世界	103
無限ルーレットモデル	107
メレ	16
面積図	76
モルゲンシュテルン	42, 214

〈や行〉

有界数列	132, 134

〈ら行〉

ライプニッツ	41
ラプラス	30, 37
ラムゼー	41
リーマン積分	113
ルベーグ	112
ルベーグ積分論	30

〈わ行〉

ワルド	212

N.D.C.417　253p　18cm

ブルーバックス　B-1927

確率を攻略する
ギャンブルから未来を決める最新理論まで

2015年 7 月20日　第 1 刷発行
2025年10月 6 日　第 3 刷発行

著者　　小島寛之（こじまひろゆき）
発行者　篠木和久
発行所　株式会社講談社
　　　　〒112-8001 東京都文京区音羽2-12-21
電話　　出版　03-5395-3524
　　　　販売　03-5395-5817
　　　　業務　03-5395-3615
印刷所　（本文表紙印刷）株式会社ＫＰＳプロダクツ
　　　　（カバー印刷）信毎書籍印刷株式会社
製本所　株式会社ＫＰＳプロダクツ

定価はカバーに表示してあります。
©小島寛之　2015, Printed in Japan
落丁本・乱丁本は購入書店名を明記のうえ、小社業務宛にお送りください。
送料小社負担にてお取替えします。なお、この本についてのお問い合わせは、ブルーバックス宛にお願いいたします。
本書のコピー、スキャン、デジタル化等の無断複製は著作権法上での例外を除き禁じられています。本書を代行業者等の第三者に依頼してスキャンやデジタル化することはたとえ個人や家庭内の利用でも著作権法違反です。

ISBN978-4-06-257927-8

発刊のことば　科学をあなたのポケットに

二十世紀最大の特色は、それが科学時代であるということです。科学は日に日に進歩を続け、止まるところを知りません。ひと昔前の夢物語もどんどん現実化しており、今やわれわれの生活のすべてが、科学によってゆり動かされているといっても過言ではないでしょう。

そのような背景を考えれば、学者や学生はもちろん、産業人も、セールスマンも、ジャーナリストも、家庭の主婦も、みんなが科学を知らなければ、時代の流れに逆らうことになるでしょう。

ブルーバックス発刊の意義と必然性はそこにあります。このシリーズは、読む人に科学的に物を考える習慣と、科学的に物を見る目を養っていただくことを最大の目標にしています。そのためには、単に原理や法則の解説に終始するのではなくて、政治や経済など、社会科学や人文科学にも関連させて、広い視野から問題を追究していきます。科学はむずかしいという先入観を改める表現と構成、それも類書にないブルーバックスの特色であると信じます。

一九六三年九月

野間省一